企业高技能人才职业培训系列教材

智能楼宇管理师（城轨车站）（三级）

ZHINENGLOUYU GUANLISHI（CHENGGUI CHEZHAN）

编审委员会

主　　任　仇朝东

委　　员　顾卫东　葛恒双　葛　玮　孙兴旺　刘汉成

执行委员　孙兴旺　瞿伟洁　李　晔　夏　莹　叶华平　李　益　杜晓红

主　　编　王晓刚

副 主 编　陈一鸣　严如珏

编　　者　（按章节编写顺序排序）

王晓刚　陈一鸣　严如珏　杨玉娟　李　敏　陈　治　孙德铭　金智豪

主　　审　高国荣

中国劳动社会保障出版社

图书在版编目(CIP)数据

智能楼宇管理师. 城轨车站：三级/人力资源和社会保障部教材办公室等组织编写. —北京：中国劳动社会保障出版社，2016

企业高技能人才职业培训系列教材

ISBN 978-7-5167-2385-2

Ⅰ. ①智… Ⅱ. ①人… Ⅲ. ①智能化建筑-管理-职业培训-教材②城市铁路-铁路车站-管理-职业教训-教材Ⅳ. ①TU855

中国版本图书馆CIP数据核字(2016)第044806号

中国劳动社会保障出版社出版发行

(北京市惠新东街1号 邮政编码：100029)

*

三河市华骏印务包装有限公司印刷装订 新华书店经销

787毫米×1092毫米 16开本 15.25印张 272千字

2016年3月第1版 2016年3月第1次印刷

定价：37.00元

读者服务部电话：(010) 64929211/64921644/84626437

营销部电话：(010) 64961894

出版社网址：http://www.class.com.cn

内容简介

本教材由人力资源和社会保障部教材办公室、中国就业培训技术指导中心上海分中心、上海市职业技能鉴定中心、上海申通地铁集团有限公司轨道交通培训中心依据智能楼宇管理师（城轨车站）（三级）职业技能鉴定细目组织编写。教材从强化培养操作技能，掌握实用技术的角度出发，较好地体现了当前最新的实用知识与操作技术，对于提高从业人员基本素质，掌握智能楼宇管理师（城轨车站）（三级）的核心知识与技能有直接的帮助和指导作用。

本教材以既注重理论知识的掌握，又突出操作技能的培养，实现了培训教育与职业技能鉴定考核的有效对接，形成一套完整的智能楼宇管理师（城轨车站）培训体系。本教材内容共分为6章，包括：低压配电及照明系统、FAS与BAS系统、环控系统、给水排水系统、电梯系统、屏蔽门系统。

本教材可作为智能楼宇管理师（城轨车站）（三级）职业技能培训与鉴定考核教材，也可供本职业从业人员培训使用，全国中、高等职业技术院校相关专业师生也可以参考使用。

企业技能人才是我国人才队伍的重要组成部分，是推动经济社会发展的重要力量。加强企业技能人才队伍建设，是增强企业核心竞争力、推动产业转型升级和提升企业创新能力的内在要求，是加快经济发展方式转变、促进产业结构调整的有效手段，是劳动者实现素质就业、稳定就业、体面就业的重要途径，也是深入实施人才强国战略和科教兴国战略、建设人力资源强国的重要内容。

国务院办公厅在《关于加强企业技能人才队伍建设的意见》中指出，当前和今后一个时期，企业技能人才队伍建设的主要任务是：充分发挥企业主体作用，健全企业职工培训制度，完善企业技能人才培养、评价和激励的政策措施，建设技能精湛、素质优良、结构合理的企业技能人才队伍，在企业中初步形成初级、中级、高级技能劳动者队伍梯次发展和比例结构基本合理的格局，使技能人才规模、结构、素质更好地满足产业结构优化升级和企业发展需求。

高技能人才是企业技术工人队伍的核心骨干和优秀代表，在加快产业优化升级、推动技术创新和科技成果转化等方面具有不可替代的重要作用。为促进高技能人才培训、评价、使用、激励等各项工作的开展，上海市人力资源和社会保障局在推进企业高技能人才培训资源优化配置、完善高技能人才考核评价体系等方面做了积极的探索和尝试，积累了丰富而宝贵的经验。企业高技能人才培养的主要目标是三级（高级）、二级（技师）、一级（高级技师）等，考虑到企业高技能人才培养的实际情况，除一部分在岗培养并已达到高技能人才水平外，还有较大一批人员需要从基础技能水平培养起。为此，上海市将企业特有职业的五级（初级）、四级（中级）作为高技能人才培养的基础阶段一并列入企业高技能人才培养评价工作的总体框架内，以此进一步加大企业高技能人才培养工作力度，提高企业高技能人才培养效果，更好地实现高技能人才培养的总体目标。

为配合上海市企业高技能人才培养评价工作的开展，人力资源和社会保障部教材办公室、中国就业培训技术指导中心上海分中心、上海市职业技能鉴定中心联合组织有关行业和企业的专家、技术人员，共同编写了企业高技能人才职业培训系列教材。本教材是系列教材中的一种，由上海申通地铁集团有限公司轨道交通培训中心负责具体编写工作。

企业高技能人才职业培训系列教材聘请上海市相关行业和企业的专家参与教材编审工作，以“能力本位”为指导思想，以先进性、实用性、适用性为编写原则，内容涵盖该职业的职业功能、工作内容的技能要求和专业知识要求，并结合企业生产和技能人才培养的实际需求，充分反映了当前从事职业活动所需要的核心知识与技能。教材可为全国其他省、市、自治区开展企业高技能人才培养工作，以及相关职业培训和鉴定考核提供借鉴或参考。

新教材的编写是一项探索性工作，由于时间紧迫，不足之处在所难免，欢迎各使用单位及个人对教材提出宝贵意见和建议，以便教材修订时补充更正。

企业高技能人才职业培训系列教材

编审委员会

第1章　低压配电及照明系统

第2章　FAS 与 BAS 系统

第3章　环控系统

第4章 给水排水系统 PAGE 135

第5章 电梯系统 PAGE 159

第1章 低压配电及照明系统

学习完本章的内容后，您能够：

- 了解交流变频系统的基本概念
- 了解低压配电系统及照明系统的运行管理内容
- 了解低压配电设备的安装与调试
- 了解PLC的检查与维护

1.1 交流变频调速系统

1.1.1 交流变频调速的基本概念

1. 交流电动机的调速方法介绍

从能量转换的角度上看，转差功率是否增大，是完全消耗还是得到回收，是评价调速系统效率高低的标志。

异步电动机的调速系统分成三类：转差功率消耗型调速系统、转差功率馈送型调速系统、转差功率不变型调速系统。

（1）转差功率消耗型调速系统的转差功率全部都转换成热能消耗在转子回路中，常见的有降电压调速、转差离合器调速、转子串电阻调速。在三类异步电动机调速系统中，这类系统的效率最低，而且越到低速时效率越低，它以增加转差功率的消耗来换取转速的降低（恒转矩负载时）。可是这类系统结构简单，设备成本最低，所以有一定的应用价值。

（2）转差功率馈送型调速系统除转子铜耗外，大部分转差功率在转子侧通过变流装置馈出或馈入，转速越低，能馈送的功率越多，绕线电动机串级调速或双馈电动机调速方法属于这一类。无论是馈出还是馈入的转差功率，扣除变流装置本身的损耗后，最终都转化成有用的功率，因此这类系统的效率较高，可以增加一些设备。

（3）转差功率不变型调速系统，转差功率只有转子铜耗，而且无论转速高低，转差功率基本不变，因此效率更高，变极对数调速、变压变频调速属于此类。其中变极对数调速是有极的，应用场合有限。变压变频调速应用最广，它可以构成高动态性能的交流调速系统，取代直流调速；但在定子电路中须配备与电动机容量相当的变压变频器，相比之下，设备成本最高。

2．变频调速的原理

（1）异步电动机的静态等效电路。根据电机学原理，在以下三个假定条件下：忽略空间和时间谐波，忽略磁饱和，忽略铁损，异步电动机的稳态等效电路如图 1—1 所示。

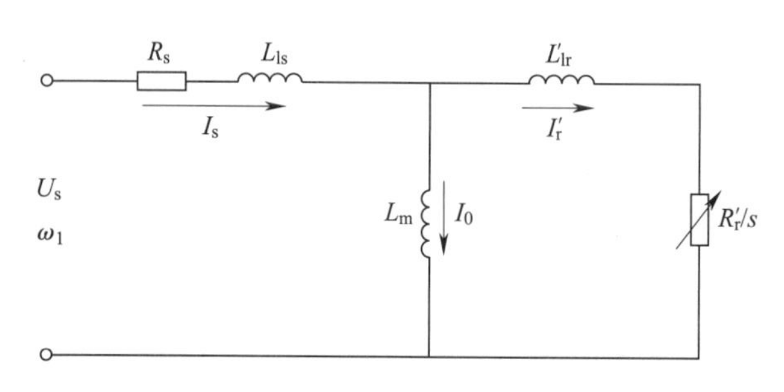

图 1—1　异步电动机的静态等效电路

R_S、R'_r——定子每相电阻和折合到定子侧的转子每相电阻；

L_{ls}、L'_{lr}——定子每相漏感和折合到定子侧的转子每相漏感；

L_m——定子每相绕组产生气隙主磁通的等效电感，即励磁电感；

U_s、ω_1——定子相电压和供电角频率；

s——转差率。

由图可以导出
$$I'_r=\frac{U_S}{\sqrt{\left(R_S+C_1\dfrac{R'_r}{S}\right)^2+\omega_1^2\ (L_{1S}+C_2L'_{1S})^2}}$$

式中
$$C_1=1+\frac{R_S+j_{\omega 1}L_{1S}}{j_{\omega 1}L_m}\approx 1+\frac{L_{1m}}{L_m}$$

令电磁功率
$$P_m=\frac{3I'^2_r+R'_r}{S}$$

则异步电动机的机械特性
$$T_e=\frac{P_m}{\omega_{m1}}=\frac{3_{n_p}}{\omega_1}I'^2_r\ \frac{R'_r}{S}=\frac{3n_pU_S^2R'_S/S}{\omega_1\left[\left(R_S+\dfrac{R'_r}{S}\right)^2+\omega_1^2\ (L_{1S}+L'_{1S})^2\right]}$$

（2）变频调速的基本原理

交流电动机的同步转速可以表示为：$n_1 = \frac{60f}{p}$

式中　n_1——交流电动机的同步转速；

f——交流电动机定子绕组的供电频率；

p——交流电动机定子绕组的磁极对数。

根据异步电动机转差率的定义：

$$S = \frac{n_1 - n}{n_1}$$

可知交流异步电动机的转速为：

$$n_1 = \frac{60f}{P}(1 - s)$$

由以上两式可知，如果均匀的改变交流电动机定子绕组的供电频率，电动机的同步转速就可以平滑地改变，电动机的转速也可以平滑地改变，这样就实现了对电动机转速的调节和控制。变频调速被人们公认为具有高效率、高精度和宽调速范围的调速性能，因此是交流电动机的一种比较理想的调速方法。

（3）变频调速的控制方式

$$E_g = 4.44f_1 N_S k_{NS} \phi_m$$

式中　E_g——气隙磁通在定子每相中感应电动势的有效值，V；

f_1——定子频率，Hz；

N_s——定子每相绕组串联匝数；

k_{Ns}——基波绕组系数；

ϕ_m——每极气隙磁通量，Wb。

基频以下调速：绕组中的感应点冻死时是难以直接控制的，当电动势值较高时，可以忽略定子绕组的漏磁阻抗压降，从而认定定子相电压 $U_s \approx E_g$，则得$\frac{U_s}{f_1}$ = 常数，这就是恒压频比的控制方式。但是，在低频时 U_s 和 E_g 都较小，定子阻抗压降所占的比重就比较显著，不能再忽略。这时，需要人为地把电压 U_s 抬高，以便近似补偿定子压降。带定子压降补偿的恒压频比控制特性如图 1—2 中的 b 线所示，无补偿的控制特性为 a 线。

基频以上调速：频率从f_{1N}向上升高，受到电动机绝缘耐压和磁路饱和的限制，定子电压U_s不能随之升高，最多只能保持额定电压U_{sN}不变，这将导致磁通与频率成反比降低，使得异步电动机工作在弱磁状态。基频以下和基频以上两种情况的控制特性如图1—3所示。

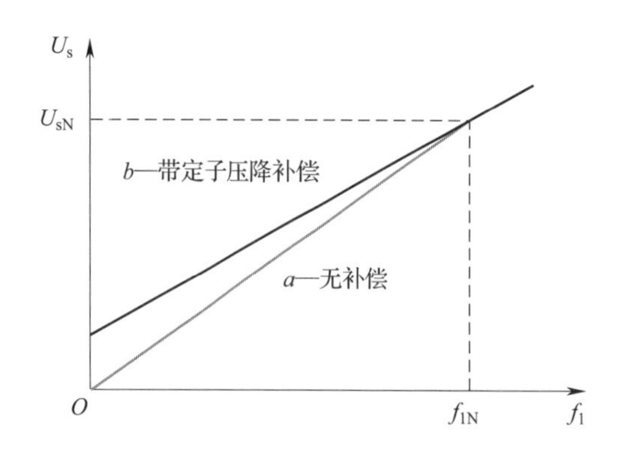

图1—2　恒压频比控制特性

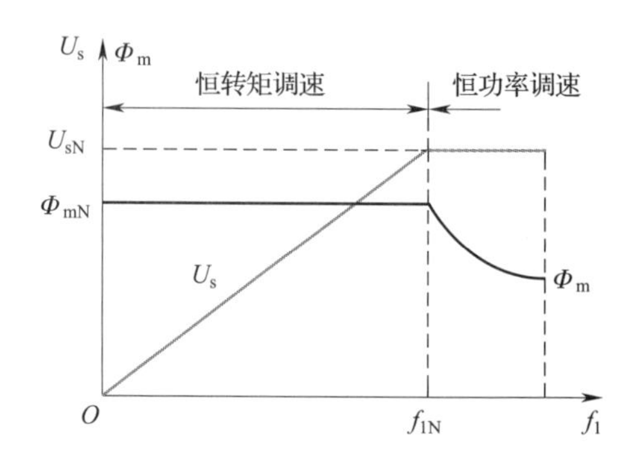

图1—3　异步电动机变压变频调速的控制特性

3. 变频调速的应用问题

目前，交流拖动控制系统的应用领域主要有三方面：一般性能调速和节能调速；高性能的交流调速系统和伺服系统；特大容量、极高转速的交流调速。

（1）变频器运行时对普通异步电动机的影响。普通异步电动机在用变频器进行调速时，由于供电系统中电压除基波外不可避免地含有高次谐波分量，以及电动机运行速度范围的扩大，导致了运行过程中，普通异步电动机存在以下问题：

1）电动机的效率问题。使用变频调速，虽然综合效率提高，但电动机的效率有所下降。无论哪种形式的变频器，在运行中均产生不同程度的谐波电压和电流，使电动机在非正弦电压、电流下运行，高次谐波会引起电动机定子铜耗、转子铜耗、铁耗及附加损耗的增加，最为显著的是转子铜耗。因为异步电动机是以接近于基波频率所对应的同步转速旋转的，因此，高次谐波电压以较大的转差切割转子导条后，便会产生很大的转子损耗。除此之外，因集肤效应所产生的附加铜耗，这些损耗都会使电动机的功率因素和效率变差。

2）电动机的温升问题。普通异步电动机因变频器产生的高次谐波，还会使电动机额外发热。

3）电动机绝缘强度问题。普通异步电动机用变频器调速时，变频器载波频率约为几千到几十千赫兹，这就使得电动机定子绕组要承受很高的电压上升率，相当于对电动机施加巨大的冲击电压，使电动机的匝间绝缘承受较大的考验。

4）电动机轴承强度问题。变频供电时，产生的轴电压和轴电流会对电动机轴承发生作用，缩短轴承使用寿命；普通异步电动机高频率运转时电动机轴承受力增大，需考虑轴承强度。

5）谐波电磁噪声与震动。

6）电动机对频繁启动、制动的适应力。采用变频器供电后，电动机可以在很低的频率和电压下以无冲击电流的方式启动，并可利用变频器所提供的各种制动方式进行快速制动。

（2）普通电动机在变频运行时的注意事项

1）尽量采用绝缘等级高的电动机。绝缘等级越高，电动机绝缘强度越高，允许的工作温度越高，因变频器调速产生的温升、绝缘问题影响越小。

2）尽量选用强度高、质量好的轴承，并选用专用润滑脂；增加轴承的电气绝缘或者将电动机轴通过电刷接地，或设法隔断轴电流的回路，如采用陶瓷滚子轴承或实现轴承室绝缘，减小轴电流对电动机轴承的影响。

3）普通电动机在变频状态下工作，频率调整不要过于频繁，应根据电动机极对数，在适当的频率范围内对普通异步电动机进行频率调整，2 极为 20～65 Hz 范围长期运行，4 极为 25～75 Hz 范围长期运行，6 极为 30～85 Hz 范围长期运行，8 极为35～100 Hz 范围长期运行。

1.1.2 脉宽调制型变频调速系统

1. 系统概述

脉宽调制型变频调速系统（Sinusoidal Pulse Width Modulation，SPWM）由主回路和控制回路两部分组成。变频主电路用交－直－交电压型晶体管桥式逆变电路，变频器的输入电压可直取电网，经三相桥式二极管整流，由电容滤波后，得到恒定的直流电压，该电压输入晶体管逆变电路。整流器采用二极管整流，提高交流电网的功率因数，改善电网波形畸变。逆变器采用晶体管桥式电路，由脉宽调制波来控制晶体管的导通与断开，供给电动机可变频率和可变电压的交流电，使电动机电流接近正弦波，在低频时，电动机仍具有平滑的转矩和速度特性。

控制回路部分包括给定电位器、模拟控制部分、脉宽调制集成电路、脉冲放大电路和电流检测、故障检测及通断控制、控制电源等。控制电源供给各部分电路集成芯片稳定的电压。调节给定电位器，得到所需要的电压值，将电压输入至模拟电路。其输出信号给 PWM 集成电路 HEF4752 的时钟输入端：FCT、VCT、RCT 和 OCT，HEF4752 芯片输出六路正弦脉宽调制脉冲信号，脉冲信号经放大后分别控制逆变器的六个晶体管的开关动作，使电动机得到变频的交流电。

SPWM 装置具有较全面的电气保护性能，设有故障检测电路，能对过流、过压、短路等故障进行检测并显示处理，便于使用、维修。

2. SPWM 变频调速基本原理

根据控制理论中冲量相等而形状不同的窄脉冲加在具有惯性的环节上时，其效果基本相同（其中冲量即指窄脉冲的面积），将正弦半波分成 N 等份，就可把正弦半波看成是由 N 个彼此相连的脉冲所组成的波形。这些脉冲宽度相等，都等于 π/N，但幅值不等，且脉冲顶部不是水平直线，而是曲线，各脉冲的幅值按正弦规律变化。如果使上述脉冲序列和相应正弦部分面积（冲量）相等，就可得脉冲序列。这就是 PWM 波形，可以看出，各脉冲的宽度是按正弦规律变化的。根据冲量相等效果相同的原理，PWM 波形和正弦半波是等效的。对于正弦波的负半周，也可以用同样的方法得到 PWM 波形。

1.2 低压配电及照明系统的运行管理

1.2.1 运行管理的任务和内容

1. 低压配电设备范围

（1）车站、停车场、车辆段、控制中心、主变电站中现场动力照明配电控制设备，具体有各类水泵、FAS、BAS、AFC、电梯、动力照明等配电箱。

（2）车站和区间的照明灯具、插座等。

（3）环控电控室（含现场环控电控柜）中有进线配电柜、馈线柜、补偿柜、风阀柜、风机软启动柜、风机变频柜、水泵电源控制柜等。

（4）低压配电控制箱及环控电控柜的基本组成有断路器（自动空气开关、开关小车）、漏电开关、低压熔断器、软启动器、变频器、母线、互感器、接触器、继电器、PLC、指示仪表等。

2. 低压配电设备供电状态

Ⅰ类负荷采取双电源供电，如区间排水设备、环控设备、消防和喷淋设备、UPS电源、防灾报警设备等；Ⅱ类负荷是一路供电电源突然停电后，另一路电源能自动切换替代，如车站照明设备、车站公共区域插座、出入口电梯等；Ⅲ类负荷采用单电源供电，如空调、冷水机组、维修电源等。

车站、停车场、车辆段、控制中心主要机电设备（包括风机、制冷设备、各类排水泵、电动执行机构、电梯与卷帘门等）由降压站或环控电控室的MNS柜对应抽屉供电，并在设备现场设有就地控制箱。

车站、停车场、车辆段、控制中心、主变电站照明灯具及控制箱、区间照明灯具及控制箱、紧急疏散导向标志灯具及控制箱、站内外导向标志灯具及控制箱等由降压站的MNS柜对应抽屉供电。车站、区间隧道应急照明灯具及控制箱由降压站交直流电源柜供电。照明控制箱供电方式采用三相四线制交流供电，照明灯具采用单相220 V交流供电。应急照明灯具应适用于220 V交流供电和220 V直流供电。

3. 低压配电设备运行模式

（1）正常运行方式。环控电控室（含现场环控电控柜）400 V母线均为双电源单母线分段运行，即环控电控室受电柜一路运行一路备用。

（2）非正常运行方式。环控电控室（含现场环控电控柜）400 V一路进线失电时，另一路进线电源自动投入，400 V运行方式为单电源供电。

4. 低压配电设备日常运行操作

（1）低压配电设备接地操作的安全要求。确认需接地的设备已停电，并已做好安全隔离措施。拆装携带型临时接地线：应采用截面积不小于20 mm^2的裸铜线制成的接地线，严禁使用不符合规定的导线作保护接地线；接地线应装在明显易见的地方；装拆接地线应由两人操作，并须戴绝缘手套；装设时应先接接地端再接导体端，拆除时顺序相反。

（2）临时用电装置的安全要求。应严格控制临时用电装置的装设，如确需装设时，应由使用部门填写“临时线路安装申请单”，并经公司技术人员审核后，部门领导批准，方可安装；在临时用电装置的电源及操作处应装熔断器和过电流保护开关；加装的熔断器和过电流保护开关应符合线路的保护匹配。

（3）移动电具的安全要求。根据“上海地区执行低压电气装置规程”，移动电具的绝缘电阻应大于2 MΩ；金属外壳的移动电具应有明显的接地螺丝和可靠的接地线；移动电具采用有外护套的电源线，长度一般为 2 m，单相 220 V 电具应用三芯线，三相 380 V 的电源线应用四芯线，其中黄绿双色为专用接地线；移动电具的引线、插头、开关应完好无损，使用前应用验电笔检查外壳是否漏电；在地面和环境潮湿的地方使用移动电具要用隔离变压器供电。

（4）停电工作安全要求。停电检修工作必须用合格的验电器验明确实无电；停电检修时，应将有可能送电到所检修的设备及线路的开关、隔离闸刀、熔断器和开关柜抽屉全部断开、拉出；做好防止误合闸措施，并在上述地方悬挂“有人施工，严禁合闸”的标志牌。

（5）不停电工作安全要求。不停电工作必须严格执行监护制度；工作时必须保证有足够的安全措施；不停电工作严禁使用无绝缘的工具；工作人员要穿着合格的电工鞋和干燥的电工服装；在带电的低压导线上工作，导线未采取绝缘措施时，工作人员不得触碰导线；在带电的低压配电设备上工作时，应采取防止相间短路、相地短路的隔离保护措施；在带电的低压线路上工作时，应先分清相线、零线，选好工作位置，断开导线时，应先断开相线，后断开零线，搭接导线时，应先将线头试搭，然后先接零线，后接相线。

5. 低压配电设备的巡视工作

（1）巡视的一般要求。设备巡视人员检查运行设备上的断路器指示、开关、指示仪表、指示灯及开关按钮，新投入的设备每两小时巡视一次。

（2）就地控制箱、手操箱巡视要求。控制箱表面清洁；选择开关在规定的位置；指示灯正常，灯罩完整；电压、电流表计正常；检查设备有无异常声音和过热，有无异常气味。

（3）插座巡视要求。插座面板完整、供电正常；电源开关漏电保护试验按钮测试正常。

（4）低压成套开关柜巡视要求。电压、电流表完整无缺，指示正常（电流值不得超过负载额定电流，电压值为 380 V ± 19 V）；柜内外表面及周围环境清洁无灰；指示灯和按钮正常；主回路出线无烧焦、脱落现象，输出无缺相；低压配电柜上的主要用电设备运行电流参考值，用以在设备巡视时进行参考；各抽屉的机械联锁及操作手柄完好；各抽屉滑动导轨滑畅，无卡死和不滑畅现象；带有综合保护控制器 MNS 柜对保护器的参数不能擅自变动；柜上选择开关在规定的位置。

（5）风机软启动柜巡视要求。电压、电流表完整无缺，指示正常；柜内外表面及周围环境清洁无灰；工作指示灯和按钮正常；柜上选择开关在规定的位置；柜内无异响。

（6）风机变频柜巡视要求。电压、电流表完整无缺，指示正常；柜内外表面及周围环境清洁无灰；工作指示灯和按钮正常；柜上选择开关在规定的位置；变频器输出电源频率不低于35 Hz；柜内无异响。

（7）保护接地巡视要求。检查接地线与电气设备的金属外壳连接情况，应无松动、脱落等假接地现象；电气设备在每次大修后，必须检查接地线接地电阻测试报告；对移动式、携带式电气设备的接地线在每次使用前应检查其接地线连接是否良好。

（8）环控电控室巡视要求。所有开关位置是否符合运行状态；每半年对环控电控室两路进线进行自切试验；MNS柜出线开关抽屉上要标明与其对应设备的位置、容量和名称等内容；现场有人检修设备时，MNS柜出线开关抽屉必须拉出，操作手柄调到无法推进的位置，并悬挂“有人施工，严禁合闸”的标志牌；J柜上的设备指示灯动作状态与现场实际设备动作相一致；室内消防设备工作状态正常，并符合消防要求；环控电控室的环境要求应参照降压变电站的环境要求执行。

（9）动力照明巡视要求。每日安排巡视人员对车站、停车场、车辆段、控制中心、主变电站照明灯具、应急照明灯具、紧急疏散导向标志灯具、站内外导向标志灯具等进行巡视，发现损坏应及时更换，保证灯具的完好率。每个区间工作点安排巡视人员对区间照明灯具、区间导向标志灯、岔区照明灯具和区间动力插座箱等进行巡视，发现损坏应及时更换。

（10）母线绝缘子、漏电保护装置和电动机巡视要求。母线所有支持绝缘子应完整、无裂痕、无闪络放电和严重积灰。维护保养时，应检查各连接点接触是否良好，有无松动、发热变形现象。漏电保护装置在投入运行前，必须利用检验按钮进行动作验证，并且要每月检测，使其处于有效状态。漏电保护装置每月检测一次。电动机在运行时应经常保持清洁，散热风罩进风口和出风口必须保持畅通。

6. 低压配电设备交接使用要求

（1）值班人员交接规定。交接班制度是上下两班之间交接车站各设备运行情况，保证车站运行连续性的一项重要制度。

交接班必须在交接人员到齐后共同进行，遇有接班人员未到时，交班人员应坚守工作岗位，迟到人员到站后应先办理交接班手续，然后将迟到原因记录于工作记录本中。

（2）低压配电设备交接使用要求。交班人员在交班前必须检查低压配电设备是否运行正常、设备是否完整无缺。交班人员在交班前必须核对本班低压配电设备的工作记录、巡回检查记录、设备缺陷处理情况、故障处理情况等，必要时对要交班的内容做书面提纲，以便在向接班人员口述时不会遗漏。交接班时由交班人员介绍本班低压配电设备运行情况及须交接的各项事宜，接班人员仔细听取介绍，然后交接班人员共同确认设备状态，双方确认无误后交接班才算结束。

对于影响安全运行的重大设备缺陷、已检修变动过的设备，均须由交接班人员共同到现场进行交接，交班人员还须交代有关临时措施和处理意见。交接班双方确认无遗留问题后，均应在值班交接记录本上做好交接班记录。交接班中如有疑问，必须双方明确后方可交接。交班者必须做到看清、查清、点清、讲清；接班者必须做到看清、查清、点清、听清、问清。

7. 设备使用中的注意事项

低压配电设备24小时运行，车站、停车场、车辆段、控制中心、主变电站工作人员按运行操作规程进行操作。每班要保持低压配电设备操作台面整洁，不允许将杂物堆放在低压配电设备上。低压配电设备发生故障时，车站、停车场、车辆段、控制中心、主变电站工作人员应及时报修。低压配电设备出现冒烟现象，工作人员应立即切断冒烟设备的电源，并及时报修。

1.2.2　环控电控室设备维修安全制度

在设备柜内进行清洁、维护保养等作业时，需持证操作，并切断上级电源；环控电控室各类设备柜、抽屉柜开关上所对应设备标牌清晰，指示灯正常；环控电控室停役或备用抽屉柜开关要做好相应隔离措施；环控电控室停役的各类设备柜、抽屉柜，当有人施工时，在做好相应的隔离措施后，须在抽屉开关上悬挂“禁止合闸，有人工作”警告牌；环控电控室需确保普通照明与应急照明能够正常使用；停役后的抽屉开关在恢复供电时，须对对应的供电线路和设备进行绝缘测定，在确认线路和设备正常后，方可送电；各类设备柜、抽屉柜发生跳闸后，须确定故障原因并进行修复，修复后进行绝缘测定，在确认线路和设备正常后方可送电。

1.2.3　环控电控室设备管理制度

进入环控电控室内施工或维护作业的人员必须具备公司设施部及公司生产调度出

具的相关证明，并且须具有相关资质；相关外来人员进入环控电控室工作前，必须至车控室按相关要求进行登记，经车控室值班人员同意后，方可入室操作，并在机房内出入登记本上进行登记，否则，未经允许外来人员不得入内；进入环控电控室的人员须严格遵守相关设备操作维修规程，正确使用和维护机房内各类设备，严禁违章作业；进入环控电控室的设备维护人员作业时，必须穿戴必要的防护用品，并配备防护设施；进入环控电控室的人员在施工、维护作业完毕后，必须做好相关设备工作状态的确认，保证设备运行正常，并做到“工完料清，场地清”；环控电控室内严禁设备过载运行，以防止事故发生；环控电控室内各类移动电器具的使用须遵守相关使用管理规定，严禁违规操作；环控电控室内卫生由环控电控室内设备主体委托外单位负责定期清扫，确保设备、地面、墙面和机房门体、门框无积灰、无污垢，结构及设备管道无渗漏，地面无积水，保持设备机房整洁；环控电控室内工器具、设备等维修物品应放置在规定区域；环控电控室内严禁吸烟，不得存放有害环境的物品；环控电控室内不得从事与工作无关的活动。

1.3 低压配电设备的安装与调试

1.3.1 双闭环可逆调速系统的安装与调试

1. 实训目的

(1) 掌握514C直流调速器的功能。

(2) 掌握调速系统的接线方法。

(3) 掌握双闭环可逆直流调速系统的调试步骤。

2. 实训设备及工具

双闭环可逆调速系统实训设备及工具见表1—1。

表1—1　　实训设备及工具

序号	名称	型号与规格	数量	备注
1	514C调速装置		1套	
2	直流电动机组		1套	
3	电工工具		1套	

续表

序号	名称	型号与规格	数量	备注
4	万用表		1只	
5	慢扫示波器		1台	
6	导线		1套	

3. 实训接线图

实训所用设备面板如图1—4所示。

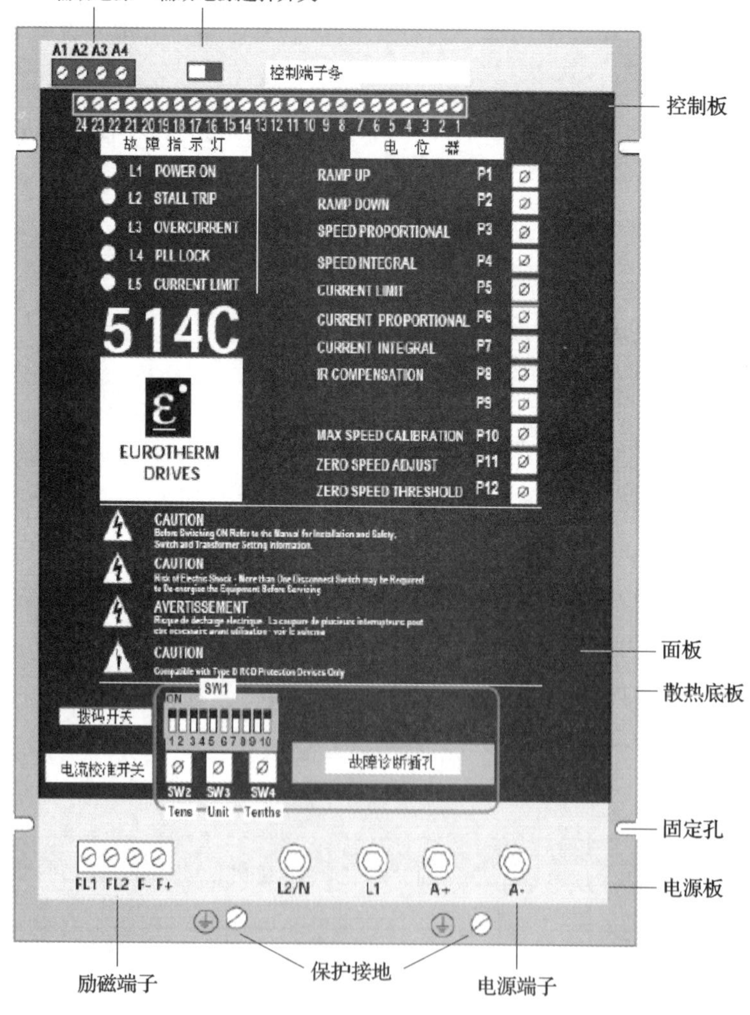

图1—4 514C基本平面图

实训接线图如图 1—5 所示。

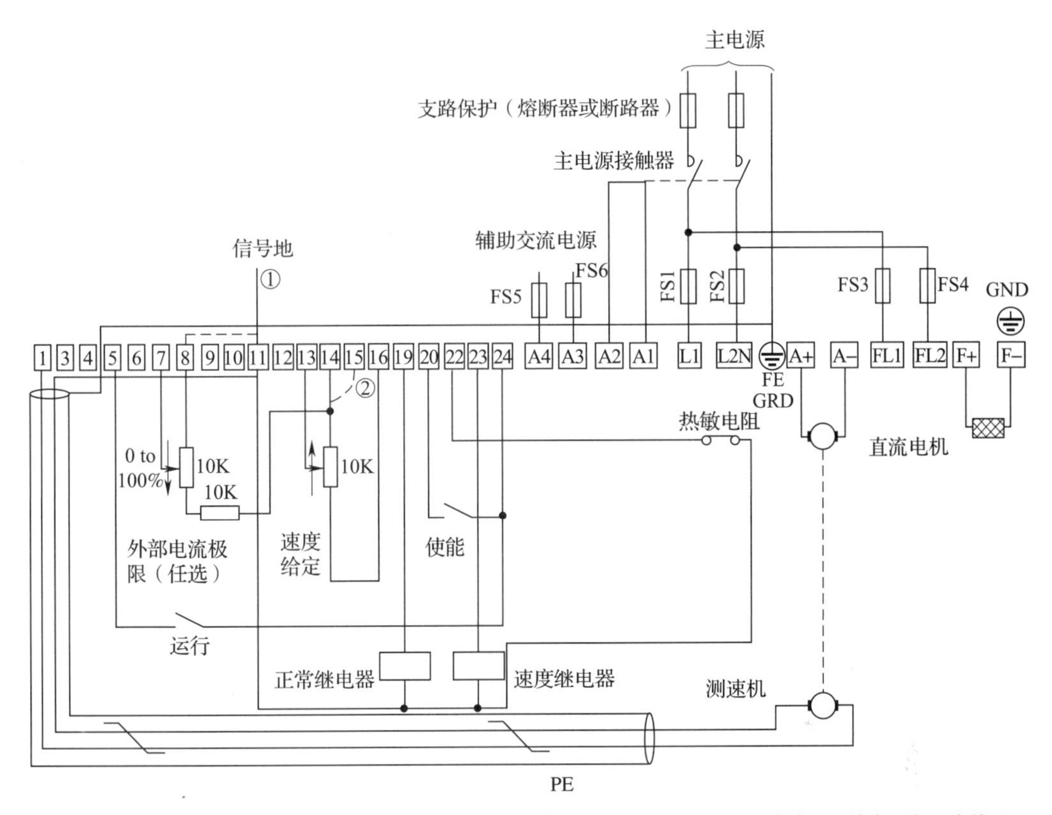

①推荐“0 V/公共端”接地，若一个系统中有多台调速器，请将所有“0 V/公共端”连接在一起一点接地。

②当调速器使用电流控制时，端子 14 和 15 需要短接作为堵转过载信号。

图 1—5　基本接线图

实训设备的各端子功能见表 1—2。

表 1—2　电源接线端子的功能

端子	功能	说明
A1	接交流接触器线圈	接交流电源相线
A2	接交流接触器线圈	接交流电源中线
A3	辅助交流电源中线	—
A4	辅助交流电源相线	—
L1	交流输入相线 1	主电源输入
L2/N	交流输入相线 2/中线	主电源输入

续表

端子	功能	说明
A +	电枢正极	接电动机电枢正极
A -	电枢负极	接电动机电枢负极
F +	磁场正极	接电动机励磁正极（直流输出）
F -	磁场负极	接电动机励磁负极（直流输入）
FL1	磁场整流电源	主电源输入磁场整流器
FL2	磁场整流电源	主电源输入磁场整流器

实训设备的各电位器作用见表1—3。

表1—3　各电位器的作用

P1	上升斜率	顺时针为加快升速时间（线性：1～40 s）	默认中间位置
P2	下降斜率	逆时针为加快降速时间（线性：1～40 s）	中间位置
P3	速度环比例增益	—	中间位置
P4	速度环积分增益	—	中间位置
P5	电流限幅	顺时针为电流增大，7端未外接电源时最大电流可达110%标定值，7端外接+7.5 V电源时可获得150%标定值的最大电流输出	顺时针90%处
P6	电流环比例增益	—	中间位置
P7	电流环积分增益	—	逆时针
P8	电流补偿	在使用电压负反馈时，顺时针旋转可增大电流补偿量，减小静差率，但过量的调节可能引起不稳定	逆时针
P9	未用	—	—
P10	高速校正	控制电动机的最大转速，顺时针旋转可提高电动机的最大转速	中间位置
P11	零速校正	在速度环零给定时可调零	中间位置
P12	零速检测阀值	调节零速继电器和停车逻辑电路的零速检测门坎电压	逆时针

实训中 EMC 滤波器的接线如图 1—6 所示。

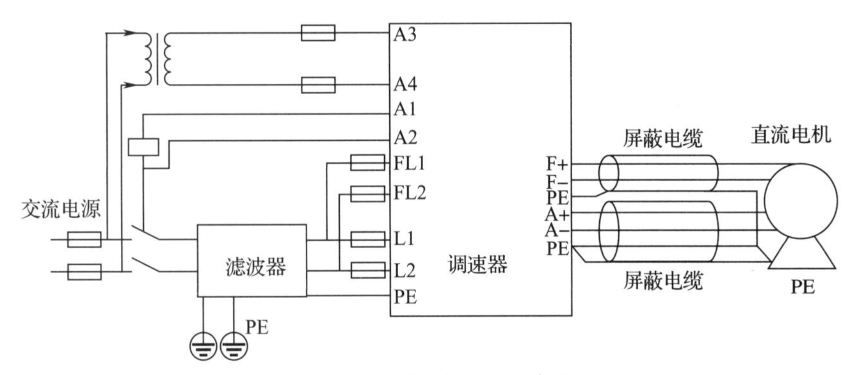

图 1—6 EMC 滤波器接线图

实训所需设备控制端子的功能见表 1—4。

表 1—4 控制端子的功能

端子	功能	描述	备注
T1	测速机反馈信号	电机测速机反馈信号输入，和电机速度成比例。	最大电压约 350 V DC，110 kΩ
T2	不连接		
T3	转速表信号	模拟量输出 0 ~ ±10 V 为 0 ~ ±100% 速度。	输出 5 mA，S/C 保护
T4	保留端子		
T5	运行控制	数字量控制，+10 ~ +24 V 为运行，0 V 为停止。	
T6	电流信号	模拟量输出，0 ~ ±7.5 V = 0 ~ ±150% 校准电流。 SW5 OFF = 两极 SW5 ON = 最大	输出 5 mA S/C 保护
T7	转矩/电流极限	模拟量输入 0 ~ +7.5 V 对应 0 ~ 150% 标定电流。	约 100 kΩ
T8	0 V 公共端	模拟/数字信号公共端	
T9	斜坡给定输出	模拟输出：0 ~ ±10 V 对应 0 ~ ±100% 斜坡给定	输出 5 mA，S/C 保护
T10	正速度给定修整输入	模拟输出：0 ~ ±10 V 对应 0 ~ ±100% 速度给定	约 100 kΩ
T11	0 V 公共端	模拟/数字信号公共端	

续表

端子	功能	描述	备注
T12	总给定输出	模拟输出：0 ~ ±10 V 对应 0 ~ ±100% 速度给定	输出 5 mA，S/C 保护
T13	斜坡给定输入	模拟输入：0 ~ ±10 V 对应 0 ~ ±100% 正向给定，0 ~ －10 V 对应 0 ~ －100% 反向速度给定	110 kΩ
T14	+10 V 电源	模拟量输出：作为速度/电流给定电位器的 +10 V 电源	输出 5 mA，S/C 保护
T15	堵转过载信号	数字量输入：堵转过载检测，+10 V = 过载	110 kΩ
T16	－10 V 电源	模拟量输出：作为速度/电流给定电位器的 －10 V 电源	输出 5 mA，S/C 保护
T17	负速度给定修整输入	模拟量输入：0 ~ ±10 V 对应 0 ~ ±100% 反向给定，0 ~ －10 V 对应 0 ~ －100% 正向速度给定	约 100 kΩ
T18	电流给定输入/输出	模拟量输入/输出：SW1/8 = ON 为电流给定输出。SW1/8 = OFF 为电流给定输入，0 ~ ±7.5 V = 0 ~ ±150% 电流	输出 5 mA，S/C 保护，约 100 kΩ
T19	正常输出信号	数字量输出：+24 V = 正常	50 mA，短路保护
T20	使能输入	数字量输入：+10 V ~ +24 V 使能，0 V 不使能。	约 100 kΩ
T21	反总给定输出	模拟量输出：0 ~ －10 V 对应 0 ~ －100% 反向速度	
T22	热敏电阻	<200 Ω = 正常，>1 800Ω = 过热	约 100 kΩ
T23	零速输出/零给定输出	数字量输出：+24 V = 运行，0 V = 停止	50 mA，短路保护
T24	+24 V	+24 电源输出	20 mA，仅供调速器用

警告：+24 V 电源 T24 端子只能供调速器使用，用来 T5 动作控制主接触器和 T20 使能调速器。不能作为外部继电器、PLC 等电源。

调速器只能使用 T24 作为 +24 V 电源，不能用外部 +24 V 电源，否则，可能引起调速器损坏或引起人身安全事故。

实训设备的其他功能定义见表1—5。

表1—5　　其他功能描述

功能	514C系列	功能	514C
过载	150%时60 s	设定输入3（反向）–负速度给定修整	T17
过电流	300%时瞬时跳闸		
斜坡	1～60 s	总设定	T12
斜坡复位	内部	+10 V参考	T14
速度输入	斜坡，正修整，负修整	–10 V参考	T16
		公共端	T11
辅助电流正极嵌位	未提供	测速机输入	T1
辅助电流负极嵌位	未提供	电流给定隔离	—
电流给定输出	电流给定输出或外部电流给定输入	电流给定输出	T18
		辅助电流给定输入	T18
电流给定隔离	DIL开关选择	选择辅助电流输入	—
外部电流给定输入	电流给定输出或外部电流给定输入	辅助电流正限幅	—
		主电流限幅	T7
电流给定连接	未提供	+10 V参考	T14
电枢电流输出	内部提供	辅助电流负限幅	—
辅助使能	未提供	缓冲速度输出	T3
备妥	未提供	缓冲电流输出	T16
停止输入	未提供	公共端	T8/T11
励磁故障	未提供	热敏电阻	T22
桥堆熔断器	未提供	辅助使能	—
继电器	外部源短路保护	+24 V	T24
EMC	遵守EMC指示	使能	T20
LVD	遵守低电压指示	保持	—
公共端	T8	运行	T5
电枢电流	—	备妥输出	—
斜坡设定复位	—	零速输出	T23
斜坡设定输入	T13	调速器正常	T19
斜坡设定输出	T9	+24 V	T24
设定输入1–正速度给定修整	T10	不使用	—
		保留端子	T4
设定输入2	—	堵转跳闸	T15
反向设定总输出	T21		

4. 接线注意要点

（1）电路图的接法如图 1—7 所示，图中的“可逆”电位器 2，实验板上 514C 芯片左下角的电位器 2（具有可逆/不可逆的功能），不可用面板上别的电位器代替。实训设备实物如图 1—8 所示，图中左上为 514C 直流调速器，右上为电位器，下为 514 实训设备整体图。

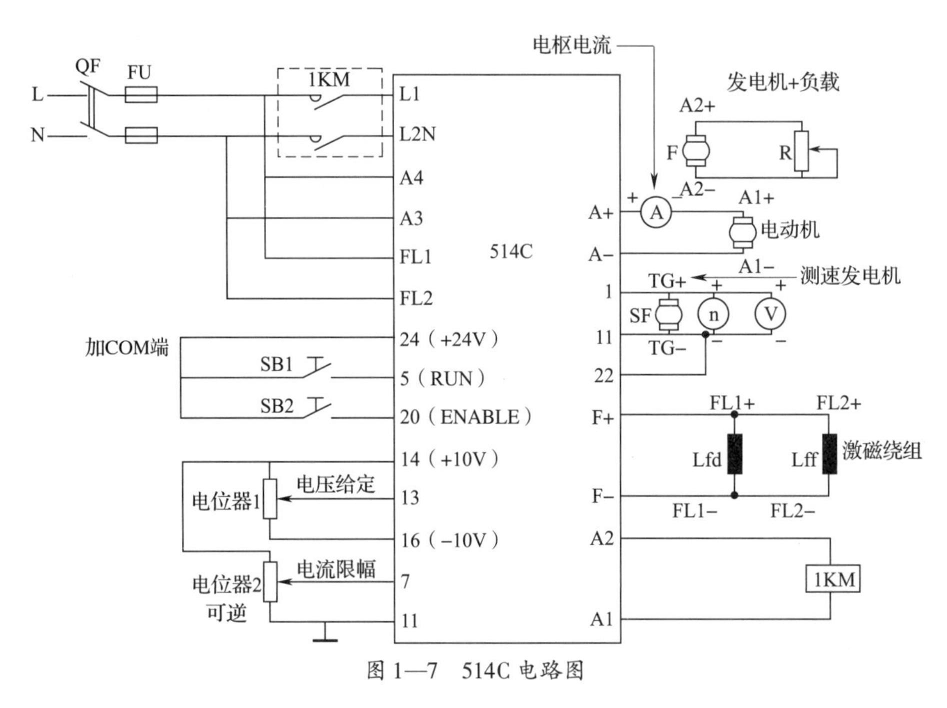

图 1—7　514C 电路图

（2）接线面板上有两块电压表，分别为电压表 1、电压表 2，如图 1—9 所示。其中，电压表 1 量程较小，用作测量 U_{gn}；电压表 2 量程较大，用作测量 U_{Tn}。故在图 1—7 中，“V”所对应的应该是电压表 2，在接线中应当注意。

5. 实训步骤

（1）调试初始工作。确认接线，将象限开关拨到相应位置，可逆是在一、三象限（不可逆在第三象限）。合上电源总开关，再合上空气开关，将检测表杆接到 7 号脚，调节 RP2 电位器，使电流限幅为 7.5 V（相当于 $1.5I_e$），锁定不动。然后将检测表杆接到 13 号脚，调给定电压为 0 V，这时按下两个按钮，观察电动机转子是否转动，如有微动，调节 P11 到转子静止，即给定电压 $U_{gn}=0$，$n=0$。根据要求将 U_{gn} 调到最大值，例如 −5 V，这时调 P10，将转速调到规定值，这两个值就决定了调节特性曲线的斜率，调好后 P10 就不动了，根据要求，调 RP1，可取得不同的 U_{gn}、n、U_{Tn}，

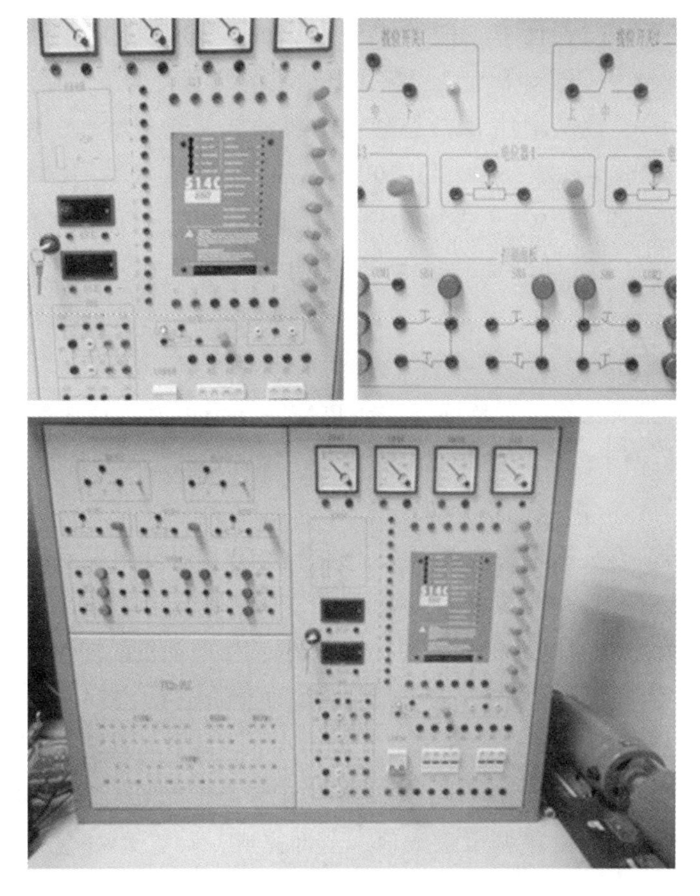

图 1—8　实训设备实物

分别填入表格，做出调节特性曲线图。若做静态曲线图，则改变负载的阻值，即调节电流。

P10 高速校正。控制电机的最大转速，顺时针旋转可提高电动机的最大转速。

P11 零速校正。在速度环零给定时可调零。

（2）改变给定电压调试

1）调试前的准备工作。置象限开关于单象限（不可逆）或四象限（可逆）处；电阻箱调至最大；两个按钮（SB1、SB2）处于“断开”状态——按钮指示灯“灭”状态。

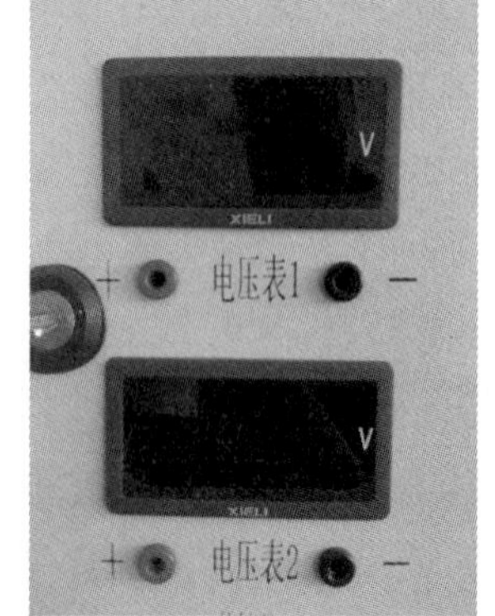

图 1—9　电压表

2）通电调试。合上右侧总电源开关，再合上 QF；用万用表直流电压档测（7#、11#），调节 RW2，使 $U_{7\#}=7.5$ V 左右；按下 SB1，1 KM 吸合，调节 RW1，使给定电压 $U_{gn}=0$ V；再按下 SB2，观察电动机的状态，调节 P11，使电动机的转速 n 为 0（$U_{Tn}=0$）；逐渐增加 RW1，使电动机的转速逐渐增加，增加至给定电压 U_{gn}值（举例若 $U_{gn}=-6$ V，$n=-1\ 200$ r/min），调节 P10，使转速 n 至测定值为 $-1\ 200$ r/min；调节 RW1，表格中记录对应 U_{Tn}、U_{gn}、n（调节 RW1，先确定 n、再确定 U_{gn}、U_{Tn}）；全部完成，调节 RW1 使 U_{gn}为 0，先按下 SB2，再按下 SB1。

（3）改变负载调试

1）调试前的准备工作。置象限开关于单象限（不可逆）或四象限（可逆）处；电阻箱调至最大；两个按钮（SB1、SB2）处于“断开”状态——按钮指示灯“灭”状态。

2）通电调试。合上右侧总电源开关，再合上 QF；用万用表直流电压档测（7#、11#），调节 RW2，使 $U_{7\#}=7.5$ V 左右；按下 SB1，1KM 吸合，调节 RW1，使给定电压 $U_{gn}=0$ V；再按下 SB2，观察电动机的状态，调节 P11，使电动机的转速 n 为 0（$U_{Tn}=0$）；逐渐增加 RW1，使电动机的转速 n 逐渐增加，增加至给定 U_{gn}值（举例若 $U_{gn}=-6$ V，$n=-1\ 200$ r/min），调节 P10，使 n 至 $-1\ 200$ r/min；调节电阻箱 R（断开电阻 R、接上电阻 R，再调节电阻 R 逐渐减小），在表格中记录电枢电流 I_d、反馈电压 U_{Tn}、转速 n，调节结束，立即将电阻箱调至最大值；全部完成，调节 RW1 使 U_{gn}为 0，先按下 SB2，再按下 SB1。

（4）调试功能开关。将功能开关 SW1/3 置于“OFF”，表示采用的是转速负反馈；分别将功能开关 SW1/1 和 SW1/2 置于“OFF”和“ON”，表示转速反馈的电压范围为 10～25 V；将 SW1/8 置于“ON”；因实训中使用的电动机的额定电流为 1.2 A，所以将电流标定转换开关十位置于“0”，个位置于“1”，小数位置于“2”；将电流限幅电位器 P5 顺时针调到最大，高速校正电位器 P10 置于中间位置，电流补偿电位器 P8 逆时针旋到底（表示不用电流补偿）。

（5）打开电源并记录。打开电源开关，依次扳动钮子开关 S3（RUN）、S4（ENABLE），顺时针调节电位器 RP1，逐渐增加给定值到 5 V，电动机随之升速至稳态值，若电枢电压不为 220 V，则调节电位器 P10，使电枢电压为 220 V。若系统动态性能较差，可分别调整 Pi 参数（P3、P4、P6、P7）。

观察并记录给定电压从零～正、正～零时的转速、电流波形。

注意：因为实训用的调速器为工业成品，如果频繁的调节控制器上的电位器，将会造成控制器上电位器的损坏，而且操作不当会导致控制电路印刷电路板的短路，所以须谨慎操作控制器。禁止学生对控制器直接操作，实训前应由老师把实训参数调整好，学生接完线待老师检查确定接线正确后，方可接通电源进行实训。

1.3.2 双闭环不可逆调速系统的安装与调试

实训目的、实训设备及工具、按钮及功能、接线要求、参数功能、实训步骤可参考1.3.1。

1.3.3 三段固定频率控制系统的安装与调试

1. 实训目的

（1）掌握M440变频调速系统的功能。

（2）掌握调速系统的接线方法。

（3）掌握M440变频调速系统调试步骤。

（4）掌握M440变频器面板控制方式、按钮控制方式以及参数设置。

2. 实训设备、工具及资料

三段固定频率控制系统实训设备、工具及资料见表1—6。

表1—6　　实训设备

序号	名称	型号与规格	数量	备注
1	M440变频调速装置		1套	
2	导线		1套	
3	电工工具		1套	
4	万用表		1个	
5	电气原理图		1套	
6	实训指导书		1套	

3. 设备按钮及功能

（1）M440变频调速装置的操作面板如图1—10所示，按键功能见表1—7。

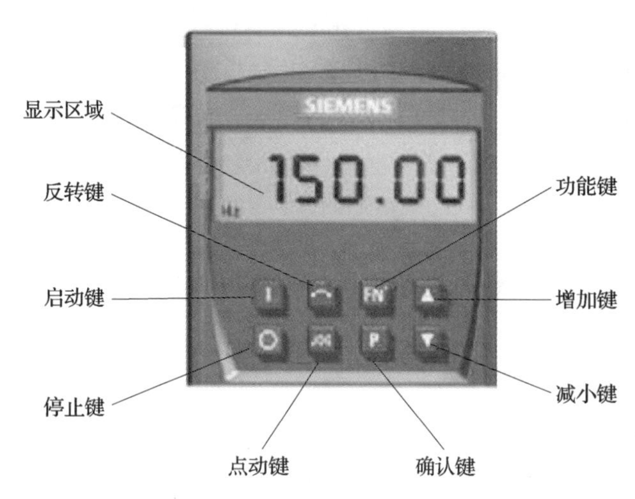

图 1—10　M440 变频调速装置的操作面板

表 1—7　　M440 变频调速装置的按键功能

显示/按钮	功能	功能说明
r0000	状态显示	LCD 显示变频器当前的设定值
I	启动变频器	按此键启动变频器。缺省值运行时，此键是被封锁的。为了使此键的操作有效，应设定 P0700 = 1
0	停止变频器	OFF1：按下此键，变频器将按选定的斜坡下降速率减速停车。缺省值运行时此键被封锁；为了允许此键操作，应设定 P0700 = 1。OFF2：按此键两次（或一次，但时间较长），电动机将在惯性作用下自由停车，此功能总是“使能”的
	改变电动机的转动方向	按下此键可以改变电动机的转动方向。电动机的反向用负号（-）或闪烁的小数点表示。缺省值运行时，此键是被封锁的。为了使此键的操作有效，应设定 P0700 = 1
jog	电动机点动	在变频器无输出的情况下按下此键，将使电动机启动，并按预先设定的点动频率运行。释放此键时，变频器停车。如果变频器/电动机正在运行，按此键将不起作用

续表

显示/按钮	功能	功能说明
Fn	功能	此键用于浏览辅助信息。变频器运行过程中，在显示任何一个参数时，按下此键并保持 2 s 不动，将显示以下参数值（在变频器运行中，从任何一个参数开始）： 1．直流回路电压（用 d 表示，单位：V） 2．输出电流（A） 3．输出频率（Hz） 4．输出电压（用 o 表示，单位：V） 5．由 P0005 选定的数值（如果 P0005 选择显示上述参数中的任何一个（3、4、或 5），这里将不再显示） 连续多次按下此键，将轮流显示以上参数。 跳转功能。在显示任何一个参数（rXXXX 或 PXXXX）时，短时间按下此键，将立即跳转到 r0000，如果需要，可以接着修改其他参数。跳转到 r0000 后，按下此键将返回原来的显示点
P	访问参数	按下此键即可访问参数
▲	增加数值	按下此键即可增加面板上显示的参数数值
▼	减小数值	按下此键即可减小面板上显示的参数数值

（2）利用基本操作面板更改参数的数值。

改变 P0004，参数设置如图 1—11 所示。

修改下标参数 P0719，选择命令/设定值源如图 1—12 所示。

改变参数数值的一个或几个数字时，为了快速修改参数的数值，可以依次单独修改显示出的每个数字。确认已处于某一参数数值的访问级（参见图 1—12），然后按以下步骤操作：

	操作步骤	显示的结果
1	按[按键]访问参数	r0000
2	按[按键]直到显示出P0004	P0004
3	按[按键]进入参数数值访问级	0
4	按[按键]或[按键]达到所需要的数值	3
5	按[按键]确认并存储参数的数值	P0004
6	使用者只能看到命令参数	

图 1—11　P0004 设置图

	操作步骤	显示的结果
1	按[按键]访问参数	r0000
2	按[按键]直到显示出P0719	P0719
3	按[按键]进入参数数值访问级	in000
4	按[按键]显示当前的设定值	0
5	按[按键]或[按键]选择运行所需要的最大频率	12
6	按[按键]确认和存储P0719的设定值	P0719
7	按[按键]直到显示出r0000	r0000
8	按[按键]返回标准的变频器显示（由用户定义）	

说明–忙碌信息
修改参数的数值时，基本操作面板有时会显示：P----。表明变频器正忙于处理优先级更高的任务。

图 1—12　P0719 设置图

1）按功能键，最右边的一个数字闪烁。

2）按上下键，修改这位数字的数值。

3）再按功能键，相邻的下一位数字闪烁。

4）执行2至3步，直到显示出所要求的数值。

5）按退出键，退出参数数值的访问级。

4．实训步骤

（1）按要求接线。变频器模拟信号控制接线如图1—13所示。检查电路接线正确无误后，合上主电源开关QS。

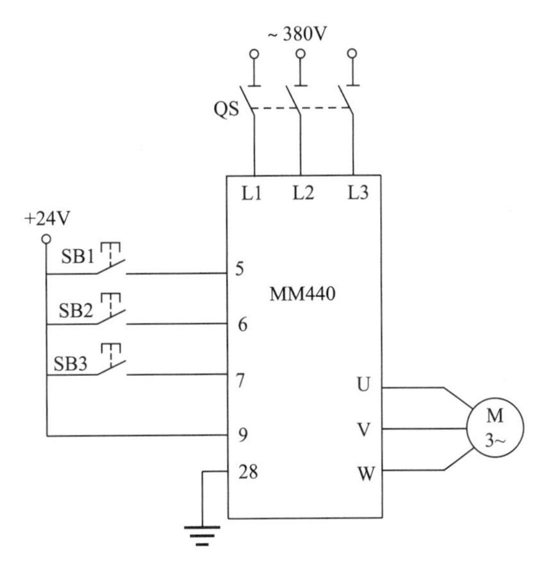

图1—13　接线图

（2）参数功能。三段固定频率控制系统参数功能见表1—8。

表1—8　西门子变频器M440部分参数

功能	参数及参数值	备注
用户访问级（指令可见范围）	P0003 = 1	标准级
	P0003 = 2	扩展级
	P0003 = 3	专家级
设置/运行	P0010 = 0	准备运行
	P0010 = 1	快速设置

续表

功能	参数及参数值	备注
参数复位	P0970 = 1，P0010 = 30	需 10 ~ 30 s
电动机额定参数	P0304 = U_N	仅在 P0010 = 1 时可设置
	P0305 = I_N	
	P0307 = P_N	
	P308 = COSφ	
	P0310 = f_N	
	P0311 = n_N	
选择命令源（操作方式选择）	P0700 = 2	端口操作
	P0700 = 1	面板操作
	P0700 = 0	工厂设置
选择频率设定值（频率给定方式选择）	P1000 = 1	面板设定
	P1000 = 2	模拟量设定
	P1000 = 3	固定频率设定值
	P1000 = 23	固定频率设定值 + 模拟量设定值
控制方式	P1300 = 0	线性 V/f 控制
	P1300 = 1	带 FCC（磁通电流控制）的 V/f 控制
	P1300 = 2	抛物线 V/f 控制
	P1300 = 3	可编程的多点 V/f 控制
	P1300 = 5	用于纺织工业的 V/f 控制
	P1300 = 6	用于纺织工业的带 FCC 功能 V/f 控制
	P1300 = 20	无传感器的矢量控制
	P1300 = 21	带传感器的矢量控制
	P1300 = 22	无传感器的矢量转矩控制
	P1300 = 23	带传感器的矢量转矩控制
电动机最小频率	P1080 = f_{min}	缺省值 = 0 Hz

续表

功能	参数及参数值	备注
电动机最大频率	P1082 = f_{max}	缺省值 = 50 Hz
斜坡上升时间	P1120 = UPtime	0 ~ f_{max} 所需时间，0 ~ 650 s
斜坡下降时间	P1121 = DOWNtime	
显示内容选择	P0005 = 21	变频器的输出频率 f
	P0005 = 22	转速 n（P0003 = 3 时才能设定）
	P0005 = 24	变频器的实际输出频率 f
	P0005 = 25	变频器输出电压
	P0005 = 26	直流回路电压
	P0005 = 27	变频器输出电流 I
显示	r0000	
数字量输入端口功能设置	P0701 ~ P0706	分别对应 DIN1 ~ DIN6
固定频率值设置	P1001 ~ P1015	FF1 ~ FF15，可设置正负频率值
数字量输出端口功能设置	P0731 ~ P0733	分别对应 DOUT1 ~ DOUT3
模拟量输出端口功能设置	P0771 = 21	变频器的输出频率 f
	P0771 = 24	变频器的实际输出频率 f
	P0771 = 25	变频器输出电压
	P0771 = 26	直流回路电压
	P0771 = 27	变频器输出电流 I
正向点动频率	P1058	—
反向点动频率	P1059	—
点动斜坡上升时间（加速时间）	P1060	—
点动斜坡下降时间（减速时间）	P1061	—
直流制动电流	P1232	—
直流制动的持续时间	P1233	—
直流制动的起始频率	P1234	—

续表

功能	参数及参数值	备注
结束快速调试	P3900 = 0	不进行电动机计算或复位，为工厂缺省设置值
	P3900 = 1	进行电动机计算或复位，为工厂缺省设置值
	P3900 = 2	进行电动机计算和 I/O 复位
	P3900 = 3	进行电动机计算，但不进行 I/O 复位

恢复变频器工厂默认值，设定 P0010 = 30 和 P0970 = 1，按下 P 键，开始复位。设置电动机参数。电动机参数设置完成后，设 P0010 = 0，变频器当前处于准备状态，可正常运行。

（3）调试步骤

1）初始化过程

P0010 = 30

P0970 = 1（以上两步为恢复出厂设置）

P0010 = 1（快速设置为电压作加减用）

P0304 ~ P0311（电动机各项参数，参见设备铭牌，其中 P0308 为功率因数）

P0010 = 0（准备运行）

P0003 = 3（专家级）

P0005 = 22（显示转速）

P1300 = 0（线性 V/f 控制方式）

P1120 = ____（上升时间）

P1121 = ____（下降时间）

2）模拟量控制

P1000 = 2（模拟量控制）

P0700 = 2（端口控制）

P0701 = 1（代表 5 号脚所接按钮，其中数值 1 代表：正转 + 启动）

P0702 = 2（代表 6 号脚所接按钮，其中数值 2 代表：反转 + 启动）

P0703 = 12（代表 7 号脚所接按钮，其中数值 12 代表：正转变反转或反转变正转）

P1120 = ____（上升时间）

P1121 = ____ （下降时间）

P0000

注意：P0704 代表 8 号脚所接按钮。

3）数字量控制（又称多段固定频率控制）

P1000 = 3 （多段控制）

P0700 = 2 （端口控制）

P0701 = 17 （进入二进制控制状态）

P0702 = 17 （进入二进制控制状态）

P0703 = 17 （进入二进制控制状态）

P0704 = 17 （进入二进制控制状态）

P1001 = ____ （填入题目给定频率数值）

P1002 = ____ （填入题目给定频率数值）

P1003 = ____ （填入题目给定频率数值）

P1004 = ____ （填入题目给定频率数值）

P1005 = ____ （填入题目给定频率数值）

P1120 = ____ （上升时间）

P1121 = ____ （下降时间）

P0000

1.3.4 四段固定频率控制系统的安装与调试

实训目的、实训设备及工具、按钮及功能、接线要求、参数功能、实训步骤可参考 1.3.3。

1.4 PLC 的检查与维护

1.4.1 红绿灯信号 PLC 控制的检查与维护

1. 实训目的

（1）了解 FX2 系列 PLC 简易编程器。

（2）熟悉 FX2 系列 PLC 简易编程器的安装与调试工艺。

（3）掌握 FX2 系列 PLC 简易编程器的一般检修方法和手段，能熟练地使用常用工具和简单仪器仪表。

（4）能独立处理 FX2 系列 PLC 简易编程器的简单故障。

2. 实训设备及工具

计算机；FX2 系列 PLC 简易编程器。

3. 实训内容

（1）实训要求。设置一个控制开关 S01，当它接通时，信号灯控制系统开始工作并无限循环，且先南北红灯亮，东西绿灯亮。当控制开关 S02 接通时，信号灯全部熄灭。

1）编程方法：FX2 系列 PLC 简易编程器和计算机软件编程。

2）按工艺要求画出控制流程图。

3）写出梯形图程序或语句程序。

4）在 FX2 系列 PLC 简易编程器上接线，用计算机软件模拟仿真进行调试。

5）随机设置程序故障两处，根据工艺分析故障可能产生的原因，确定故障发生的范围，并进行程序修改。

6）输入输出端口配置见表 1—9。

表 1—9　　输入输出端口配置

输入设备	输入端口编号	接 FX2 系列 PLC 简易编程器对应端口
启动按钮 S01	X00	S01
停止按钮 S02	X01	S02
选择循环方式按钮 S07	X02	S07
强制按钮 S03	X03	S03
南北红灯	Y00	H01
东西绿灯	Y01	H02
东西黄灯	Y02	H03
东西红灯	Y03	H04
南北绿灯	Y04	H05
南北黄灯	Y05	H06
报警灯	Y06	H07

（2）操作方法和步骤

1）根据工艺流程画出流程图（见图1—14）。

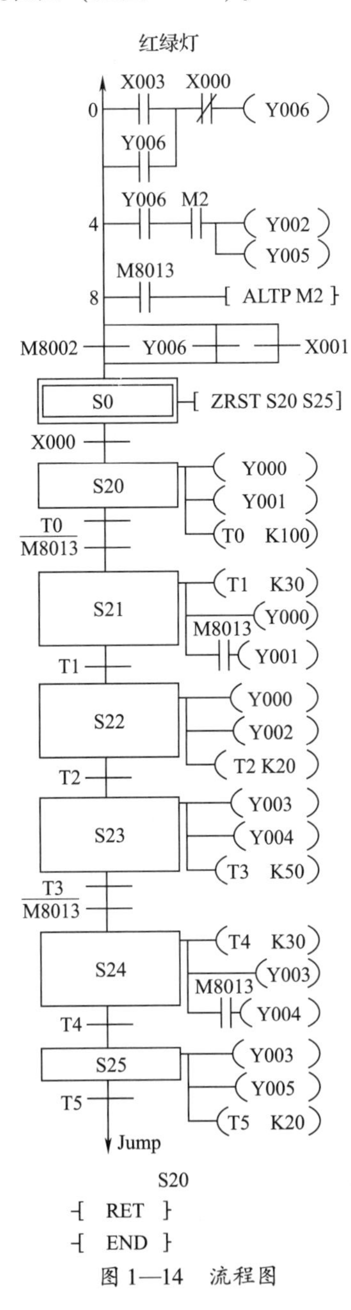

图1—14　流程图

2）根据流程图画出梯形图（见图1—15）或者写出语句表。

3）启动软件，如图1—16所示。

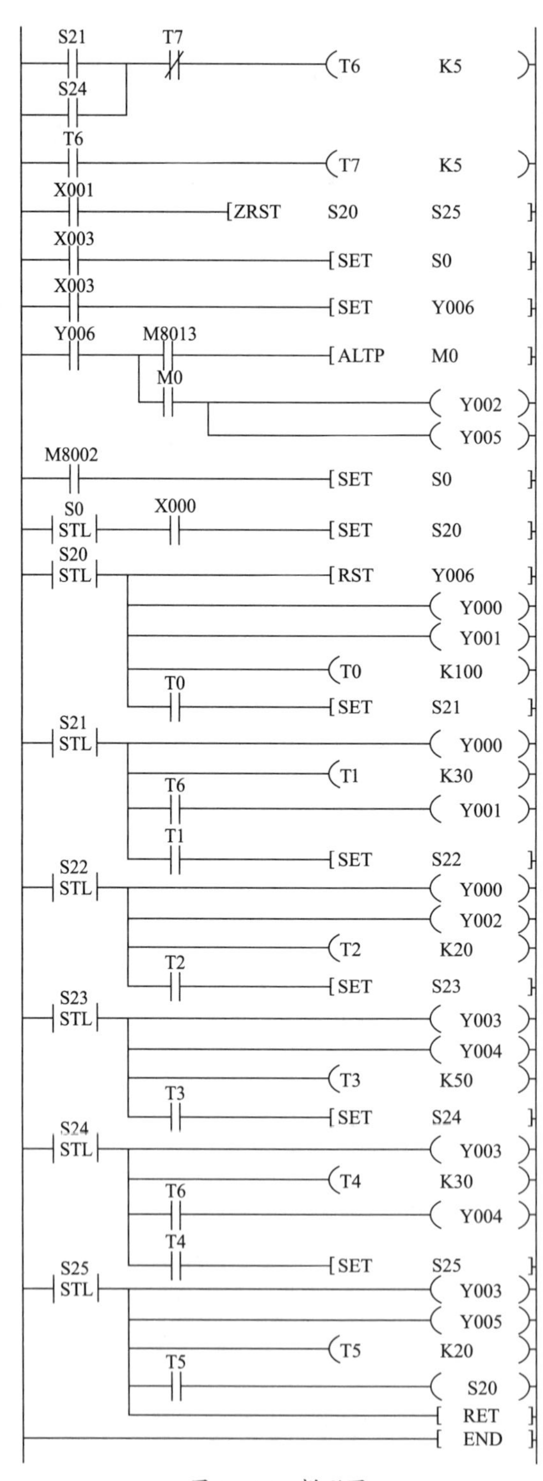
S21
T7
T6
K5
S24
T6
T7
K5
X001
ZRST
S20
S25
X003
SET
S0
X003
SET
Y006
Y006
M8013
ALTP
M0
M0
Y002
Y005
M8002
SET
S0
S0
STL
X000
SET
S20
S20
STL
RST
Y006
Y000
Y001
T0
K100
T0
SET
S21
S21
STL
Y000
T1
K30
T6
Y001
T1
SET
S22
S22
STL
Y000
Y002
T2
K20
T2
SET
S23
S23
STL
Y003
Y004
T3
K50
T3
SET
S24
S24
STL
Y003
T4
K30
T6
Y004
T4
SET
S25
S25
STL
Y003
Y005
T5
K20
T5
S20
RET
END

图 1—15　梯形图

名称	修改日期	类型	大小
程序3-2	2011/12/28 8:53	文件夹	
DeIsL1.isu	2009/2/14 22:32	ISU 文件	2 KB
FX2NPP.DLL	2000/2/25 13:05	应用程序扩展	58 KB
FXDLL.DLL	2001/1/23 13:58	应用程序扩展	55 KB
FXGPWIN	2001/6/25 16:39	应用程序	1,345 KB
FXGPWIN	1999/1/30 11:54	帮助文件	89 KB
FXPCHK00.DLL	1997/9/18 16:17	应用程序扩展	11 KB
FXPP.DLL	2000/2/28 14:46	应用程序扩展	52 KB
MODEMDAT.DAT	2000/2/29 14:16	DAT 文件	1 KB
SPIN.VBX	1993/6/24 0:00	VBX 文件	22 KB
TMPTOFXW	2001/2/19 15:39	应用程序	216 KB
UNTITL01.COW	2009/7/2 15:57	COW 文件	1 KB
UNTITL01.DMW	2009/7/2 15:57	DMW 文件	17 KB
UNTITL01	2009/7/2 15:57	Fxgp FileType	17 KB
UNTITL01.PTW	2009/7/2 15:57	PTW 文件	2 KB
电流采样.COW	2009/8/18 9:13	COW 文件	1 KB
电流采样.DMW	2009/8/18 9:13	DMW 文件	17 KB
电流采样	2009/8/18 9:13	Fxgp FileType	17 KB
电流采样.PTW	2009/8/18 9:13	PTW 文件	2 KB
电流输出.COW	2009/8/18 9:33	COW 文件	1 KB
电流输出.DMW	2009/8/18 9:33	DMW 文件	17 KB
电流输出	2009/8/18 9:33	Fxgp FileType	17 KB

图 1—16　选择软件

4）使用软件输入指令，如图 1—17 所示。

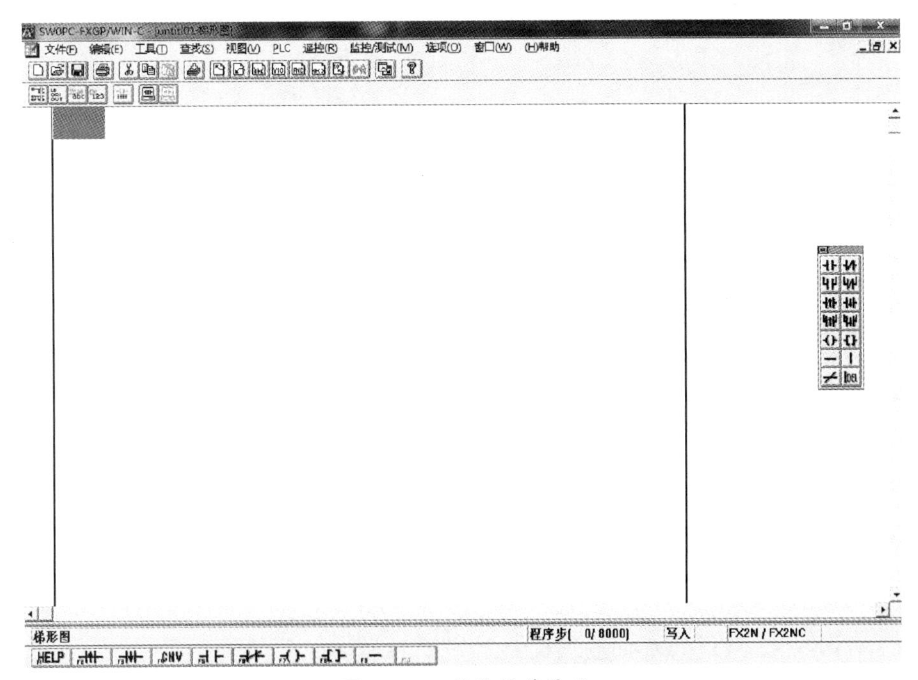

图 1—17　软件操作界面

5）对 PLC 进行接线，如图 1—18 所示。

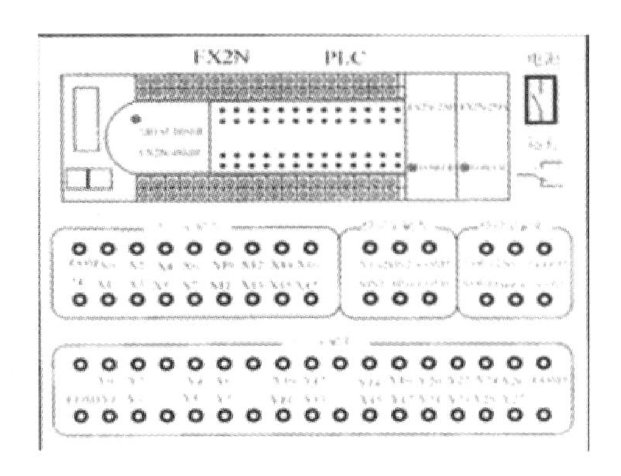

图 1—18　PLC 接线

6）模拟调试，如图 1—19 所示。

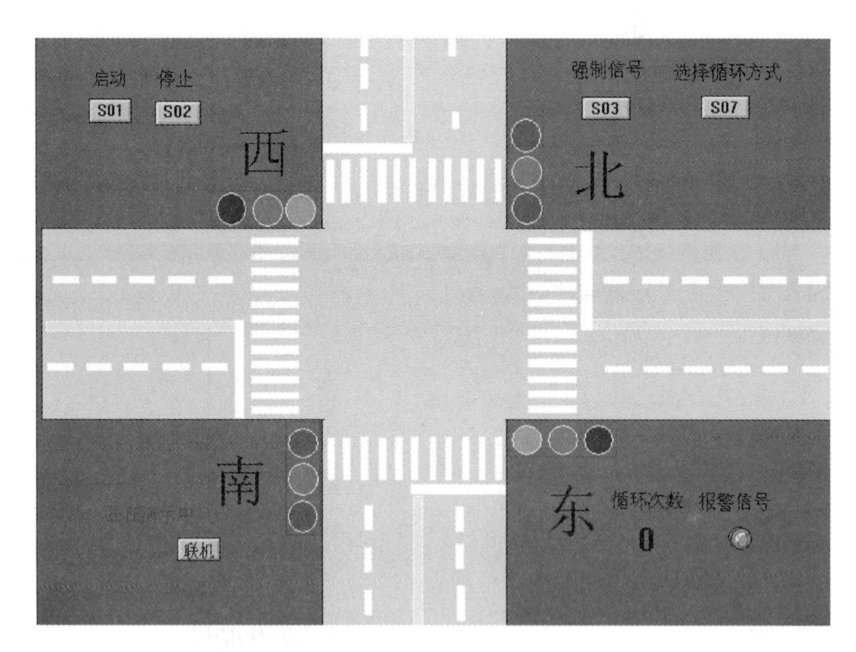

图 1—19　模拟调试

1.4.2　运料小车 PLC 控制的检查与维护

1．实训目的

（1）了解 FX2 系列 PLC 简易编程器。

（2）熟悉 FX2 系列 PLC 简易编程器的安装与调试工艺。

（3）掌握FX2系列PLC简易编程器的一般检修方法和手段，能熟练地使用常用工具和简单仪器仪表。

（4）能独立处理FX2系列PLC简易编程器的简单故障。

2. 实训设备及工具

计算机；FX2系列PLC简易编程器。

3. 实训内容

（1）实训要求。启动按钮S01用来开启运料小车，停止按钮S02用来手动停止运料小车。按下S01小车从原点启动，KM1接触器吸合，使小车向前运行直到碰SQ2开关停，KM2接触器吸合使甲料斗装料5 s，随后KM4接触器吸合，小车返回原点碰SQ1开关停，KM5接触器吸合使小车卸料5 s，然后小车再次向前运行直到碰SQ3开关停，此时KM3接触器吸合使乙料斗装料3 s，随后KM4接触器吸合，小车返回原点直到碰SQ1开关停止，KM5接触器吸合使小车卸料5 s后完成一次循环。启动后，小车要连续作3次循环后自动停止。中途按下停止按钮S02，小车立即停止（料斗装料及小车卸料均不受此限制）。当再按下启动按钮S01时，小车继续运行。

1）编程方法：在FX2系列PLC简易编程器和计算机软件编程中二选一。

2）按工艺要求画出控制流程图。

3）写出梯形图程序或语句程序。

4）在FX2系列PLC简易编程器上接线，用计算机软件模拟仿真进行调试。

5）随机设置程序故障两处，根据工艺分析故障可能产生的原因，确定故障发生的范围，并进行程序修改。

6）输入输出端口配置见表1—10。

表1—10　　输入输出端口配置

输入设备	输入端口编号	接FX2系列PLC简易编程器对应端口
启动按钮S01	X00	S01
停止按钮S02	X01	S02
开关SQ1	X02	计算机和PLC自动连接
开关SQ2	X03	计算机和PLC自动连接
开关SQ3	X04	计算机和PLC自动连接
向前接触器KM1	Y00	H01

续表

输入设备	输入端口编号	接 FX2 系列 PLC 简易编程器对应端口
甲装料接触器 KM2	Y01	H02
乙装料接触器 KM3	Y02	H03
向后接触器 KM4	Y03	H04
车卸料接触器 KM5	Y04	H05

（2）操作方法和步骤

1）根据工艺流程画出流程图（见图 1—20）。

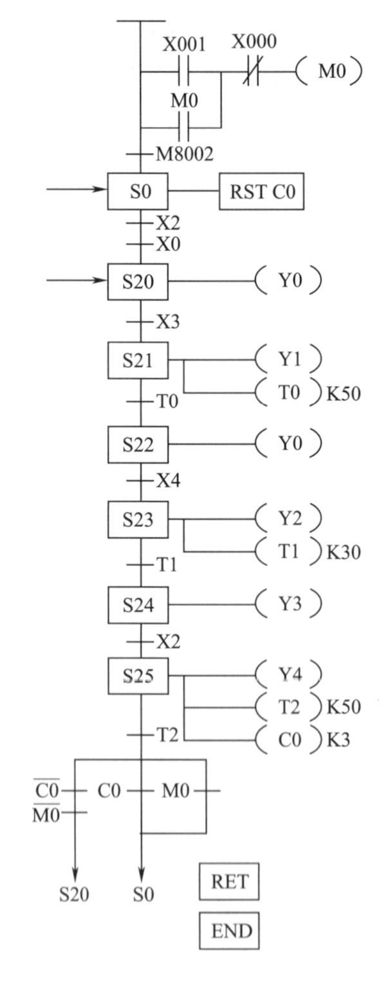

图 1—20 流程图

2）根据流程图画出梯形图（见图1—21）或者写出语句表。

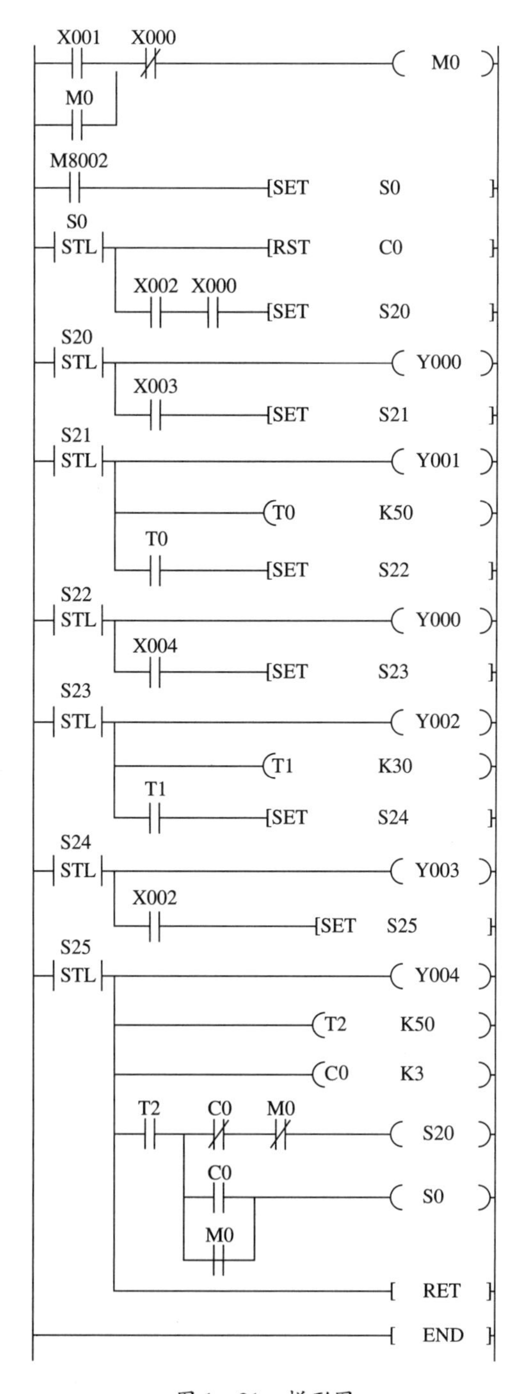

图1—21 梯形图

3）启动软件，如图 1—16 所示。

4）使用软件输入指令，如图 1—17 所示。

5）对 PLC 进行接线，如图 1—18 所示。

6）模拟调试，如图 1—22 所示。

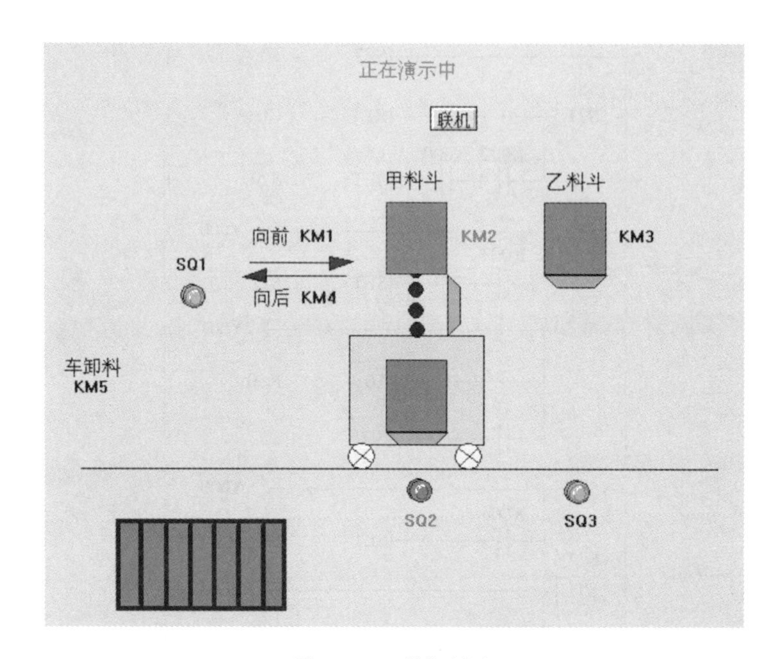

图 1—22　模拟调试

1.4.3　混料罐 PLC 控制的检查与维护

1. 实训目的

（1）了解 FX2 系列 PLC 简易编程器。

（2）熟悉 FX2 系列 PLC 简易编程器的安装与调试工艺。

（3）掌握 FX2 系列 PLC 简易编程器的一般检修方法和手段，能熟练地使用常用工具和简单仪器仪表。

（4）能独立处理 FX2 系列 PLC 简易编程器的简单故障。

2. 实训设备及工具

计算机；FX2 系列 PLC 简易编程器。

3. 实训内容

（1）实训要求。有一混料罐装有两个进料泵控制两种液料的进罐，装有一个出料泵控制混合料出罐，另有一个混料泵用于搅拌液料，罐体上装有三个液位检测开关SI1、SI4、SI6，分别送出罐内液位的低、中、高检测信号，罐内与检测开关对应处有一只装有磁钢的浮球作为液面指示器（浮球到达开关位置时开关吸合，离开时开关释放）。设有一个混料配方选择开关S07，用于选择配方1或配方2。设有一个启动按钮S01，当按下S01后，混料罐就按给定的工艺流程连续不断地循环3次，直到液位检测开关SI1动作后自动停止。设有一个停止按钮S02，中途按下停止按钮S02，混料罐完成一次循环后才能停止。

1）编程方法：在FX2系列PLC简易编程器和计算机软件编程中二选一。

2）按工艺要求画出控制流程图。

3）写出梯形图程序或语句程序。

4）在FX2系列PLC简易编程器上接线，用计算机软件模拟仿真进行调试。

5）随机设置程序故障两处，根据工艺分析故障可能产生的原因，确定故障发生的范围，并进行程序修改。

6）输入输出端口配置见表1—11。

表1—11　　输入输出端口配置

输入设备	输入端口编号	接FX2系列PLC简易编程器对应端口
高液位检测开关SI6	X00	计算机和PLC自动连接
中液位检测开关SI4	X01	计算机和PLC自动连接
低液位检测开关SI1	X02	计算机和PLC自动连接
启动按钮S01	X03	S01
停止按钮S02	X04	S02
配方选择开关S07	X05	S07
进料泵1	Y00	H01
进料泵2	Y01	H02
混料泵	Y02	H03
出料泵	Y03	H04

（2）操作方法和步骤

1）根据工艺流程画出流程图（见图1—23）。

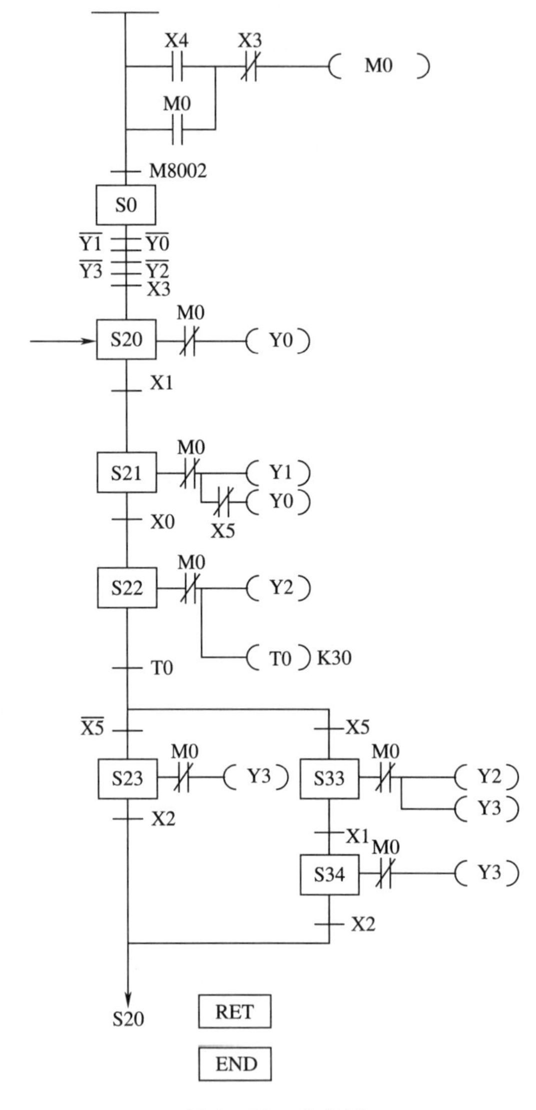

图 1—23　流程图

2）根据流程图画出梯形图（见图 1—24）或者写出语句表。

3）启动软件，如图 1—16 所示。

4）使用软件输入指令，如图 1—17 所示。

5）对 PLC 进行接线，如图 1—18 所示。

6）模拟调试，如图 1—25 所示。

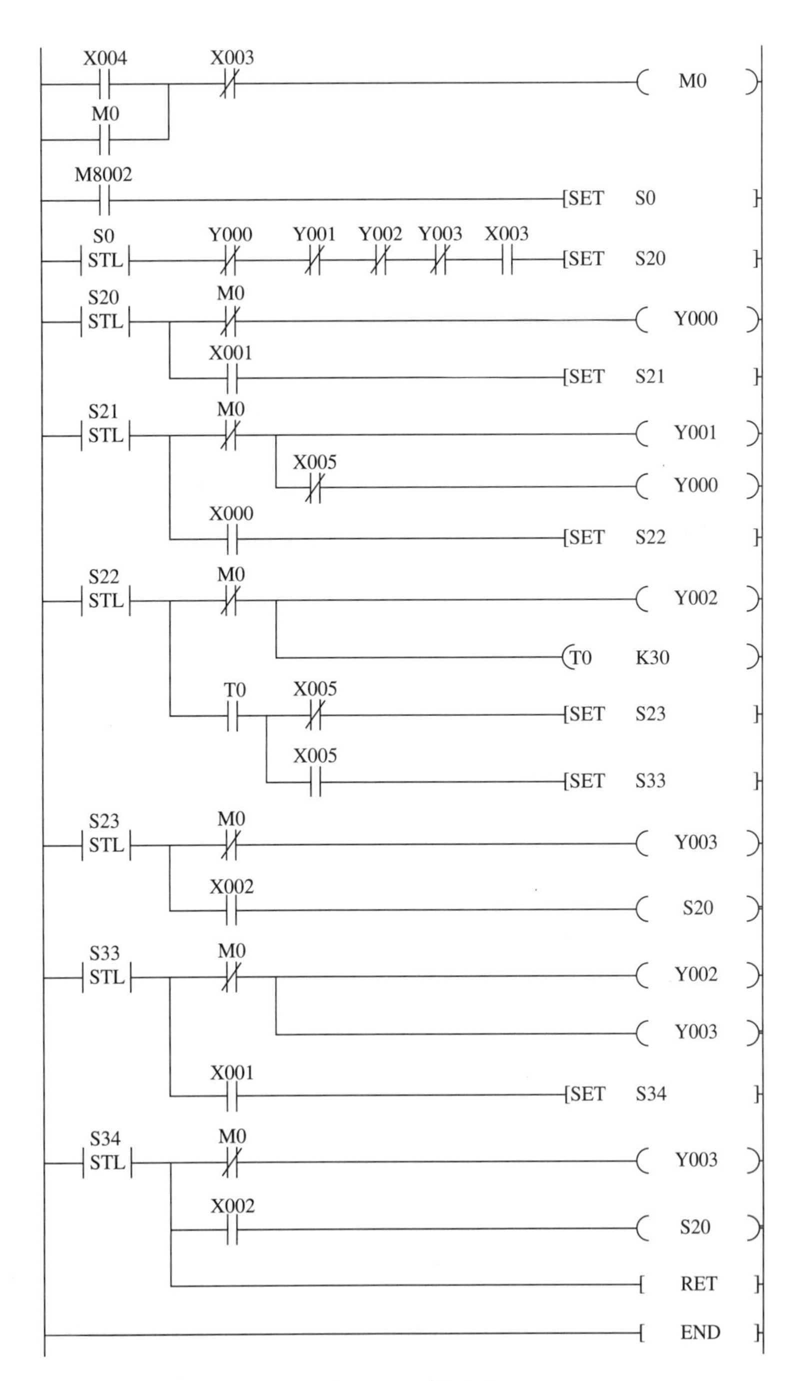
X004
X003
M0
M0
M8002
SET S0
S0 STL
Y000
Y001
Y002
Y003
X003
SET S20
S20 STL
M0
Y000
X001
SET S21
S21 STL
M0
Y001
X005
Y000
X000
SET S22
S22 STL
M0
Y002
T0 K30
T0
X005
SET S23
X005
SET S33
S23 STL
M0
Y003
X002
S20
S33 STL
M0
Y002
Y003
X001
SET S34
S34 STL
M0
Y003
X002
S20
RET
END

图 1—24 梯形图

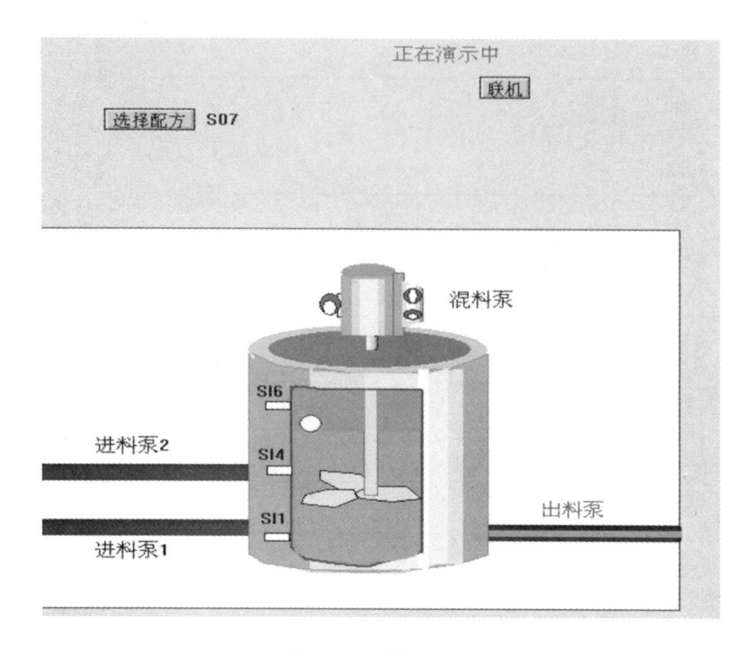

图 1—25　模拟调试

1.4.4　机械手 PLC 控制的检查与维护

1. 实训目的

（1）了解 FX2 系列 PLC 简易编程器。

（2）熟悉 FX2 系列 PLC 简易编程器的安装与调试工艺。

（3）掌握 FX2 系列 PLC 简易编程器的一般检修方法和手段，能熟练地使用常用工具和简单仪器仪表。

（4）能独立处理 FX2 系列 PLC 简易编程器的简单故障。

2. 实训设备及工具

计算机；FX2 系列 PLC 简易编程器。

3. 实训内容

（1）实训要求。机械手“取与放”搬运系统，定义原点为左上方所达到的极限位置，其左限位开关闭合，上限位开关闭合，机械手处于放松状态；搬运过程是机械手把工件从 A 处搬运至 B 处；上升和下降，左移和右移均由电磁阀驱动气缸来实现；当工件处于 B 处上方准备下放时，为确保安全，用光电开关检测 B 处有无工件，只有在

B 处无工件时才能发出下放信号。

机械手工作过程：启动机械手下降到 A 处位置→夹紧工件→夹住工件上升到顶端→机械手横向移动到右端，进行光电检测→下降到 B 处位置→机械手放松，把工件放至 B 处→机械手上升到顶端→机械手横向移动返回到左端原点处。机械手连续作 3 次循环后自动停止。中途按下停止按钮 S02，机械手立即停止，当再按下启动按钮 S01，机械手继续运行。

1）编程方法：在 FX2 系列 PLC 简易编程器和计算机软件编程中二选一。

2）按工艺要求画出控制流程图。

3）写出梯形图程序或语句程序。

4）在 FX2 系列 PLC 简易编程器上接线，用计算机软件模拟仿真进行调试。

5）随机设置程序故障两处，根据工艺分析故障可能产生的原因，确定故障发生的范围，并进行程序修改。

6）输入输出端口配置见表 1—12

表 1—12　　输入输出端口配置

输入设备	输入端口编号	接 FX2 系列 PLC 简易编程器对应端口
启动按钮 S01	X10	S01
停止按钮 S02	X11	S02
下降到位 ST0	X02	计算机和 PLC 自动连接
夹紧到位 ST1	X03	计算机和 PLC 自动连接
上升到位 ST2	X04	计算机和 PLC 自动连接
右移到位 ST3	X05	计算机和 PLC 自动连接
放松到位 ST4	X06	计算机和 PLC 自动连接
左移到位 ST5	X07	计算机和 PLC 自动连接
光电检测开关 S07	X00	S07
下降电磁阀 KT0	Y00	H01
上升电磁阀 KT1	Y01	H02
右移电磁阀 KT2	Y02	H03
左移电磁阀 KT3	Y03	H04
夹紧电磁阀 KT4	Y04	H05

（2）操作方法和步骤

1）根据工艺流程画出流程图（见图 1—26）。

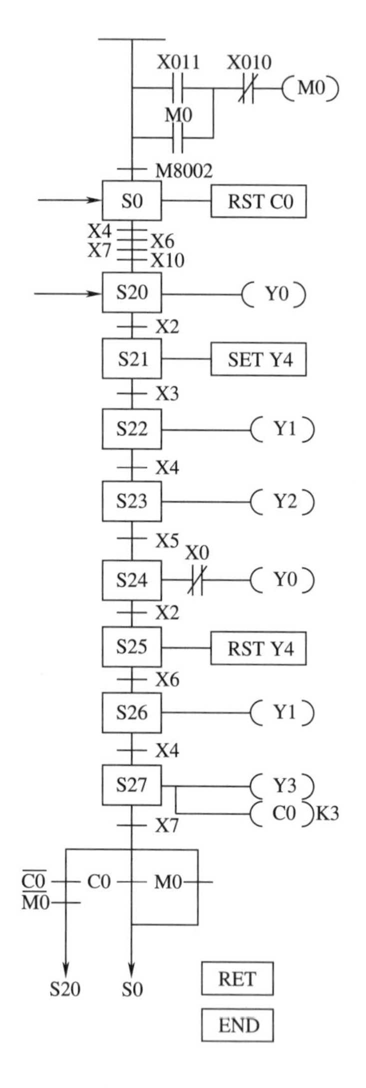

图 1—26 流程图

2）根据流程图画出梯形图（见图 1—27）或者写出语句表。

3）启动软件，如图 1—16 所示。

4）使用软件输入指令，如图 1—17 所示。

5）对 PLC 进行接线，如图 1—18 所示。

6）模拟调试，如图 1—28 所示。

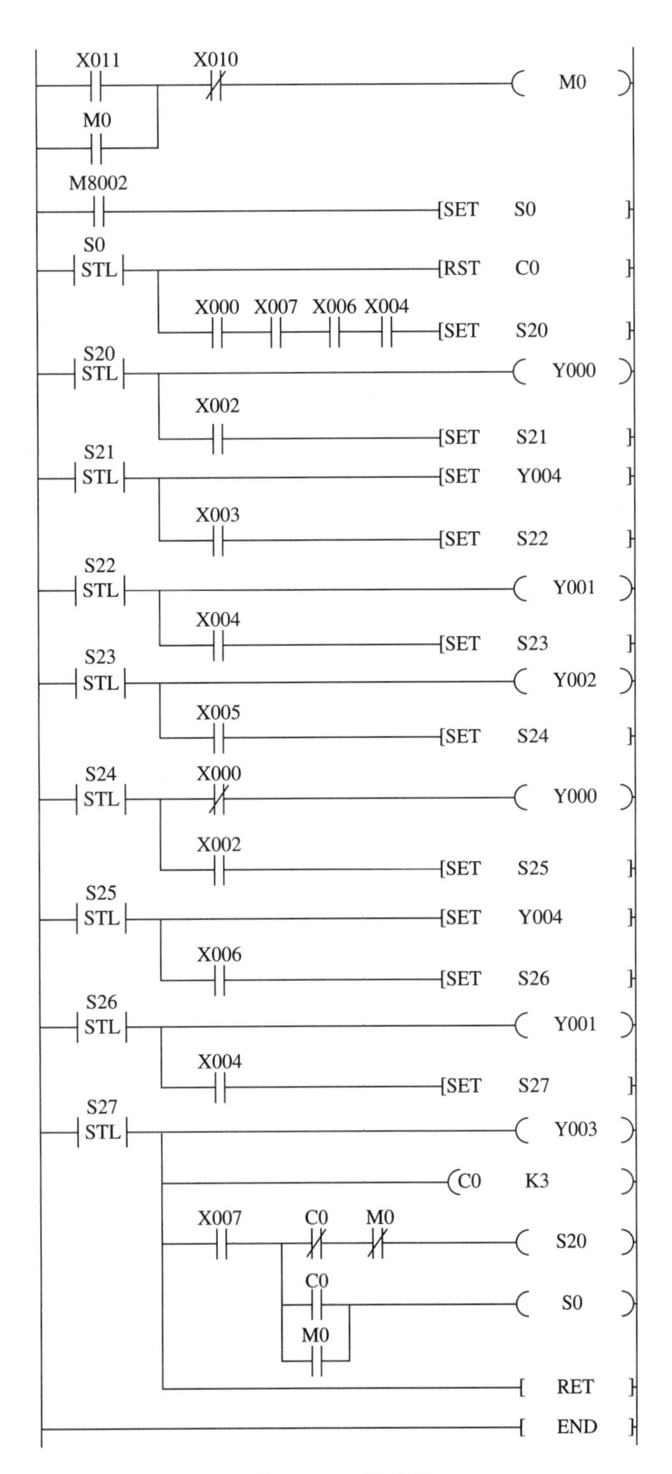
X011
X010
M0
M0
M8002
SET S0
S0
STL
RST C0
X000 X007 X006 X004
SET S20
S20
STL
Y000
X002
SET S21
S21
STL
SET Y004
X003
SET S22
S22
STL
Y001
X004
SET S23
S23
STL
Y002
X005
SET S24
S24
STL
X000
Y000
X002
SET S25
S25
STL
SET Y004
X006
SET S26
S26
STL
Y001
X004
SET S27
S27
STL
Y003
C0 K3
X007
C0
M0
S20
C0
S0
M0
RET
END

图 1—27 梯形图

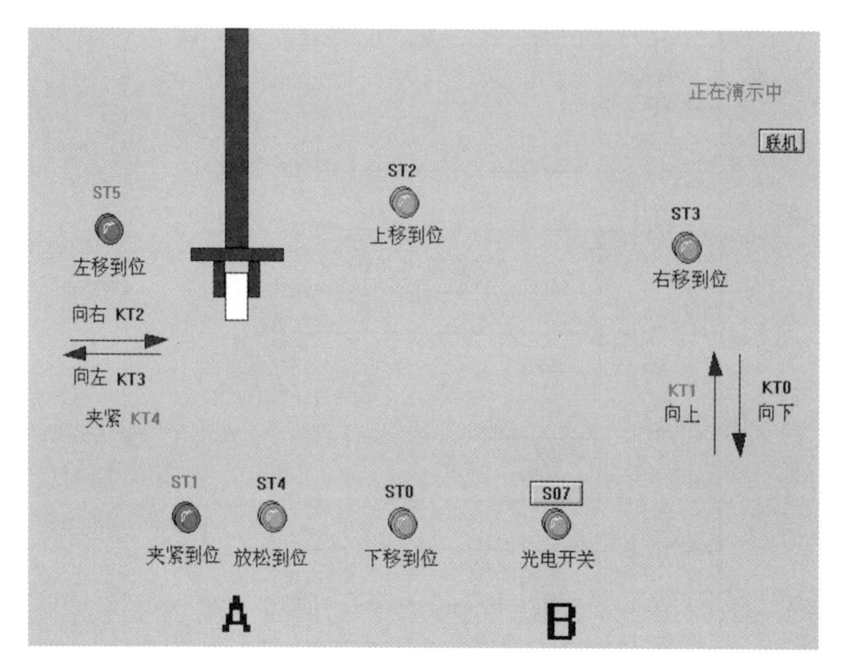

图 1—28　模拟调试

1.4.5　低压配电柜的检修与维护

1. 实训目的

（1）了解低压配电柜的安装与调试工艺。

（2）掌握低压配电柜的一般检修方法和手段。

（3）能熟练地使用常用工具和简单仪器仪表。

（4）能独立处理低压配电柜的简单故障。

2. 实训设备

低压配电柜。

3. 实训内容

（1）实训要求

1）低压配电柜的检查符合要求。

2）更换问题部件满足工艺要求。

3）按规定时限完成作业，安全操作。

（2）操作方法和步骤

1）变压器低压侧检查。配电柜断电后，首先对原带电体进行可靠接地，预防突然来电造成人身伤害。观察柜内配置及结构，向现场人员了解各器件基本动作关系，询问有无特别需要注意的地方。了解原来配电柜是否发生过各种故障和保护等基本情况。检查母线及引下线连接是否良好，母线接头处有无变形，有无放电变黑痕迹，检查母线上的绝缘有无松动和损坏。检查电缆头、接线桩头是否牢固可靠，检查接地线有无锈蚀，接线桩头是否紧固，确保接头连接紧密。

用手柄把总空气开关从配电柜中摇出，检查主触点是否有烧熔痕迹，检查灭弧罩是否烧黑和损坏，紧固各接线螺钉，清洁柜内灰尘，试验机械的合闸、分闸情况。把各分开关柜从抽屉柜中取出，紧固各接线端子。检查电流互感器、电流表、电度表的安装和接线，检查手柄操纵机构的灵活可靠性，紧固空气开关进出线，清洁开关柜内和配电柜后面引出线处的灰尘。

保养电容柜时，应先断开电容器总开关，用10 mm^2以上的导线把电容器逐个放电，然后检查接触器、电容器接线螺钉、接地装置是否良好，并用吸尘器清洁柜内灰尘。观察电容有无渗漏、外壳膨胀现象，放电装置是否可靠，检查控制电路的接线螺钉及接地装置。

保安负荷段保养完毕，可启动发电机对其供电，停市电保养母线段。逐级断开低压侧空气开关，然后断开供变压器电的高压侧真空断路器，合上接地开关，悬挂“禁止合闸，有人工作”标示牌。配电柜所有要求保养完毕后，拆除安全装置，断开高压侧接地开关，合上真空断路器，观察变压器投入运行无误后，向低压配电柜逐级送电。

2）抽屉式开关检查。检查抽屉式开关时，抽屉式开关柜在推入或拉出时应灵活，机械闭锁可靠。检查抽屉柜上的自动空气开关操作机构是否到位，接线螺钉是否紧固。清除接触器触头表面及四周的污物，检查接触器触头接触是否完好，如触头接触不良，必要时可稍微修锉触头表面，如触头严重烧蚀（触头点磨损至原厚度的1/3），即应更换触头。电源指示仪表、指示灯完好。

受电柜及联络柜中的断路器检修。先断开所有负荷后，用手柄摇出断路器。重新紧固接线螺钉，检查刀口的弹力是否符合规定。灭弧栅是否有破裂或损坏，手动调试机械联锁分合闸是否准确，检查触头接触是否良好，必要时修锉触头表面，检查内部弹簧、垫片、螺钉有无松动、变形和脱落。

3）变电柜的检查及保养

①检查保养前的准备工作。逐个断开低压侧的负荷，断开高压侧的断路器，合上接地开关，锁好高压开关柜，并在开关柜把手上悬挂“禁止合闸，有人工作”的标志

牌，然后用 10 mm^2 以上导线短接母排并挂接地线，紧固母排螺钉。

②检修操作步骤。母排接触处重新擦净，并涂上电力复合脂，用新弹簧垫片螺钉加以紧固，检查母排间的绝缘子、间距连接处有无异常，检查电流、电压互感器的二次绕组接线端子连接的可靠性。

③送电前的检查测试。拆除所有接地线、短接线，检查工作现场是否有遗留工具，确认无误后，合上隔离开关，断开高压侧接地开关，合上运行变压器高压侧断路器，取下标志牌，向变压器送电，然后再合上低压侧受电柜的断路器，向母排送电，最后合上有关联络柜和各支路自动空气开关。

理论知识复习题

一、单项选择题（选择一个正确的答案，将相应的字母填入题内的括号中）

1. 车站应急照明灯具、（　　）及控制箱由降压站交直流电源柜供电。

A. 区间隧道应急照明灯具　　B. 区间隧道普通照明灯具

C. 车站插座　　D. 车站电梯

2. 环控电控室停役的各类设备柜、抽屉柜，当有人施工时，在做好相应隔离措施后，须在抽屉开关上悬挂（　　）。

A. 警告牌　　B. 接地线　　C. 提示牌　　D. 安全牌

3. 照明控制箱供电方式采用（　　）交流供电，照明灯具采用单相 220 V 交流供电。

A. 三相两线制　　B. 三相三线制

C. 三相五线制　　D. 三相四线制

4. 停役后的抽屉开关在恢复供电时，须对对应的供电线路和设备进行（　　），在确认线路和设备正常后，方可送电。

A. 口头确认　　B. 温度测试

C. 目测　　D. 绝缘测定

5. 备品备件台账内容不包括（　　）

A. 备品备件名称　　B. 规格型号

C. 领用数量　　D. 产品说明书

二、判断题（将判断结果填入括号中，正确的填“√”，错误的填“×”）

1. 维修人员临时停电维护、维修环控电控室开关柜所控设备时，应将相应开关柜

抽屉抽出至锁定位置，用挂锁将操作手柄锁定，但可不悬挂警示牌。（　）

2. 备品备件台账中不包括现库存数量。（　）

3. 区间排水设备没有采用Ⅰ类负荷电源。（　）

4. 车站照明设备采用Ⅱ类负荷电源。（　）

5. 相关外来人员进入环控电控室工作前，无需至车控室按相关要求进行登记，直接在机房内出入登记本上进行登记，便可开展施工。（　）

理论知识复习题参考答案

一、单项选择题

1. A　2. A　3. D　4. D　5. D

二、判断题

1. ×　2. ×　3. ×　4. √　5. ×

第2章 FAS与BAS系统

学习完本章的内容后，您能够：

- ✔ 了解车站FAS系统的组成、功能及设备
- ✔ 了解气体自动灭火系统的组成、功能及设备
- ✔ 了解运行管理的有关规程和制度
- ✔ 了解应急处置的有关规程和制度
- ✔ 了解BAS系统的组成、功能及设备类型
- ✔ 了解PLC的基础知识及系统组成
- ✔ 了解BAS系统的监控内容
- ✔ 熟悉BAS系统的运行管理及职责，并能处理一般故障及日常BAS维护工作

2.1 车站FAS系统概论

2.1.1 车站FAS系统的组成、功能及设备

1. FAS车站级

FAS车站级功能主要有监视、报警、控制以及与其他系统的联动等。

车站级设备主要由消防主机、车站级图形命令控制中心（GCC）及各种外围设备组成，实现火灾监视和消防联动功能。

2. 图形命令中心（GCC）

GCC可显示车站总平面图。各层平面图明确标示出报警区域、主要部位，显示各消防设备的名称、位置和状态信息。消防主机发出火警或故障监视信号后，GCC能准确显示相应信号的物理位置，且优先显示与火警信号相对应的界面。

3. 与主时钟的接口

FAS主机可通过RS232与主时钟连接，接收主时钟的信息。主机与主时钟同步，并同步网络上各个火灾报警主机的时钟。

4. 网络

车站网络采用对等式通信，各节点既相互独立，又互为补充。当网络上某一处发生故障，此时环网网络会自动转换成开放式网络，网络上的各个节点仍然能够像一个完整的网络一样互相识别和通信。

5. 回路卡

回路卡安装于火灾控制器主机内，根据回路卡容量携带连接相应数量的外围设备。

6. 音频卡

音频卡提供音频总线，应用于消防广播，发生火灾时可自动播放报警信息，指导站内的乘客疏散，同时可自动通过消防电话系统与消防部门及时取得联系。

7. 通信卡和网络接口卡

通过 RS232 接口与现场机电设备监控系统连接，并通过光纤、网络或 RS485 接口与中央级系统设备间传输信息与控制信号。

8. 外围设备

外围设备包括火灾监测设备、状态监视设备、控制设备、消防通话和消防广播设备、接口设备等。

9. 火灾监测设备

（1）探测器。火灾探测器是用来响应其附近区域由火灾产生的物理和化学现象的探测器件。火灾探测器按其探测火灾不同的理化现象而分为四大类：感烟探测器、感温探测器、感光探测器、可燃性气体探测器。

目前上海地铁使用的火灾探测器主要有感烟探测器（普通型、智能型）、感温探测器（普通型、智能型）和复合型探测器（智能型）。

（2）手动报警器。手动报警器分普通型和智能型两种，《火灾自动报警系统设计规范》中规定，报警区内的每个防火分区至少应设置一只手动报警器。手动报警器按钮是手动触发装置，具有在应急状态下人工手动通报火警或确认火警的功能。

10. 状态监视设备

（1）地址码探测模块。这个模块用来连接探测及反馈装置，如普通感烟探测器、普通型手动报警器及反馈信息连接等。

（2）反馈模块。反馈模块是一个独立的地址式模块，它通过一条二线 MAPNET II 回路来供应电源和进行通信。它对常开式干接点设备提供编址功能。

11. 控制设备

地铁 FAS 系统的控制设备主要是地址码控制模块，用来控制各种联动设备，如水泵、风机、阀门等。这个模块能提供二级继电器接点，接点容量为 2 A、8VCD（非感性负载）、12OVAC，由于有地址码功能，所以能够有序地执行主机发出的命令。

12. 消防通话和消防广播设备

发生火灾时可自动播放报警信息，指导站内的乘客疏散，通过消防电话系统与消防部门及时取得联系。

13. 接口设备

（1）FAS与防排烟系统。根据《建筑设计防火规范》的要求，对于智能建筑设计都要具有防火、防烟、排烟系统。在消防联动控制系统中，报警主机应集中控制所有层面的防火门、防火阀、防火卷帘、排烟机、送风、排风机及空调、通风设施。

（2）FAS与BAS系统的联动控制。FAS应能可靠地与BAS系统进行联动控制。

（3）FAS与消防电梯。火灾报警系统处于自动状态时，接收到火灾报警信号后应能输出控制消防电梯和常用电梯自动降至首层的信号，并接收反馈信号，显示其动作状态。

（4）FAS与消火栓的控制。输出能控制室内消火栓系统，消防水泵的启动和停止控制信号，接收反馈信号并显示其状态。信号能显示启泵按钮所处的位置。

（5）FAS与门禁系统。火灾报警系统处于自动状态时，接收到火灾报警信号后应能输出控制门禁信号，并接收反馈信号，显示其动作状态。

（6）FAS与AFC系统。火灾报警系统处于自动状态时，接收到两点火灾报警信号后应能输出控制AFC信号，打开所有进出闸门。

（7）FAS与气体自动灭火系统。气体自动灭火系统发生故障、报警、动作后，消防主机应能接收其发出的反馈信号。

（8）FAS与非消防电源切换。车站在火灾状态下，应切断非消防电源。

（9）FAS与火灾应急照明系统。火灾应急照明是在发生火灾时，保证重要部位或房间能继续工作及在疏散通道上达到最低照度。

2.1.2 气体自动灭火系统的组成、功能及设备

1. 气体灭火的管网系统

气体灭火的管网系统可分为全淹没的单元独立系统和组合分配系统两种组成方式。所谓单元独立系统是指由一套灭火剂储存装置对应一套管网系统，保护一个防护区域的构成形式。所谓组合分配系统是指由一套公共的灭火剂储存装置对应几套管网系统，保护两个或两个以上防护区域的构成形式。

2. 气体灭火系统的设备部件功能（见表2—1）

表2—1　　气体灭火部件功能

部件	功能
灭火剂储存容器	储存灭火剂，同时又是系统工作的动力源，为系统正常工作提供足够的压力
单向阀	当气体灭火系统较大，灭火剂储存容器较多时，需成组布置时，在每个容器上设单向阀，防止灭火剂回流到空瓶或从卸下的钢瓶接口处泄漏
选择阀	组合分配系统中，设置与每个防护区相对应的选择阀，以便系统启动时，能够将灭火剂输送到需要灭火的防护区
瓶头阀	安装在容器上，具有封存、释放、充装等功能
报警灭火控制器	通过探测火灾并监控气体灭火系统，实现灭火系统的自动启动

2.2　消防系统的运行管理

2.2.1　运行管理的有关规程和制度

1. 操作管理规程和制度

（1）对运行中的设备进行检修工作时，应遵守确保人身和设备安全的安全规定。

（2）进入隧道、登高作业等应严格执行轨行区、高空作业规定。

（3）检修人员检修前，对检修的内容和要求应明确，图纸资料、备品备件、测试仪器、测试记录、检修工具等均应齐备。

（4）带电设备待自然放电后，才能进行维修。

（5）控制设备检修时，应做好安全措施，防止误动作影响运行或造成事故。

2. 消防控制室值班人员管理规程和制度

（1）消防控制室应当实行每日24小时专人值班制度，确保及时发现并准确处置火灾和故障报警，值班人员持有规定的消防专业技能鉴定证书，并存放在消防控制室备查，消防值班人员应熟悉建筑自动消防设施的原理和操作规程。

（2）消防设施日常维护管理符合国家标准《建筑消防设施的维护管理》规定。

（3）确保火灾自动报警系统、固定灭火系统和其他联动控制设备处于正常工作状态，不得将应处于自动控制状态的设备设置在手动控制状态。

（4）消防控制室工作人员应按时上岗，并做好交接班工作，接班人员未到岗前，交班人员不得擅自离岗。

2.2.2 应急处置的有关规程和制度

1. 接到火灾警报后，工作人员应立即携带灭火器材赶赴现场确认，如确有火情应按相关处置要求进行处置。

2. 火灾确认后，值班人员立即确认火灾报警联动控制开关处于自动控制状态，确认相关设备动作情况，遇紧急情况应及时手动操作相关设备。同时，应拨打报警电话准确报警。报警时需要说明着火单位地点、起火部位、着火物种类、火势大小、报警人姓名和联系电话等。

3. 立即启动应急疏散和初期火灾扑救灭火预案，同时报告调度。

2.2.3 安全规范

1. 自动报警系统操作安全规定

(1) 操作人员应经过安全和相关技术培训，并经消防考核取得相关资质证书。操作人员未经批准不得擅自切断报警控制盘、气体灭火控制盘、图形工作站主机和消防联动控制盘等设备的电源。

(2) 未授权人员不得操作或越权操作报警系统设备，严禁在图形工作站上做与报警系统无关的事情。

(3) 在非紧急情况下，任何人员严禁操作报警系统的手动报警器、消防联动控制盘上的任何开关或按钮。

(4) 消防报警系统、消防设备或其他消防联动设备检修作业时，值班人员应将报警系统设置为手动工作状态，并加强对系统的监控。

(5) 与报警系统相关的所有维护、保养、检修作业和测试、试验后，值班人员应对系统的功能和工作状态进行确认，确认正常后恢复自动（联动）工作状态。

2. 自动报警系统维修安全规定

(1) 对运行中的设备进行检修工作时，应遵守确保人身和设备安全的规定；进入隧道、登高作业等应严格执行轨行区、高空作业规定。

(2) 检修人员检修前，对检修的内容和要求应明确，图纸资料、备品备件、测试仪器、测试记录、检修工具等均应齐备。

(3) 主控制器、图形工作站主机、模块箱的维修应由取得专业资质，并经培训合格的人员进行操作；设备维护、检修时，应做好安全措施，防止误动作影响运行；带电设备待自然放电后，才能进行维修。

（4）严禁带电插拔各种信号线和板卡；保持维修环境的洁净，屏蔽电场和磁场；维修供电电网电压应稳定。

（5）使用维修工具时，要注意清除静电；在维修主板时，要做好防静电工作，防止静电击穿集成电路芯片，加电前，应将各部件连接固定好；检查各种芯片、控制卡和信号线应安装正确，跳针、地址码设定应无误，没有明确前不得加电。

（6）使用示波器、逻辑笔等检测信号时，应注意探针不应同时接触两个引脚。

2.3 外围设备、消防设施的安装与调试

2.3.1 各类模块的安装与调试

1. 地址码编码方式识别

地址编码开关（由8个拨动开关组成）采用二进制编码方式。例如，Simplex4120型报警控制器和与之配套的Simplex 4098 -9784型探测器间的编码，采用1→8顺序，即拨码开关1号为二进制低位，8号为最高位，每个探测器有固定的编码状态，对应固定的编码。

2. 消防报警系统各模块识别（见表2—2）

表2—2　　消防报警系统各模块

名称	模块样式
电源隔离模块4090 -9117	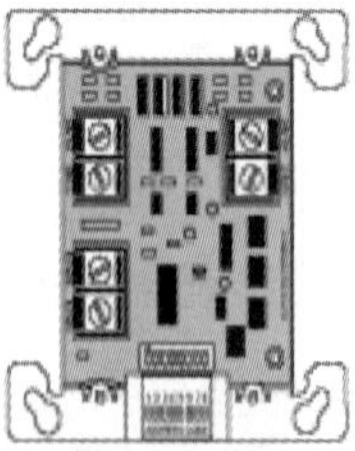
地址码式反馈模块（IAM）4090 -9001	

续表

名称	模块样式
地址码式控制模块 4090－9002	
地址输入输出模块 4090－9119	
地址码式探测模块（M－ZAM）4090－9101	
多功能输入输出模块 4090－9120	

3. 设备调试

上电后，可通过烟感与温感的测试判断模块是否安装到位，系统是否正常。系统应正常显示，如图 2—1 所示。

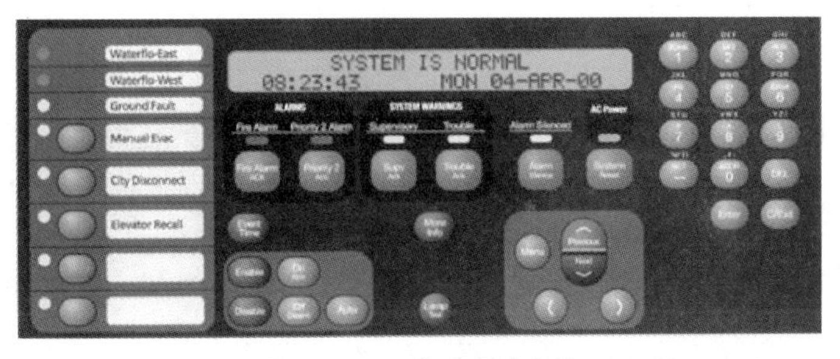

图 2—1　正常显示的系统

2.3.2　消防报警系统的调试（温感）

1．地址码编码方式识别（见表2—3）

表2—3　　地址码编码方式识别

名称	模块样式
智能型探测器底座4098－9792	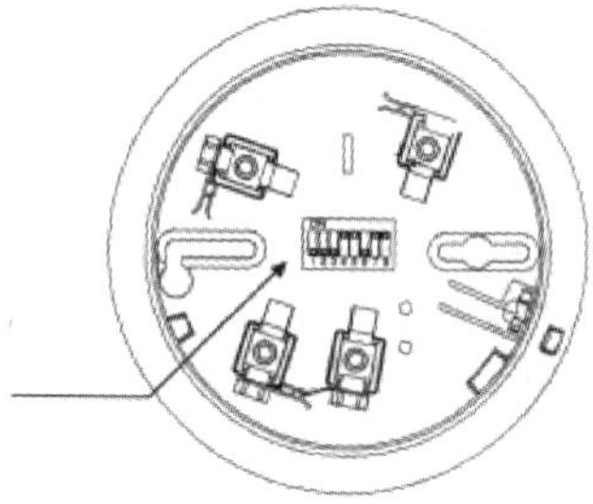
智能型电子感温探测器4098－9733	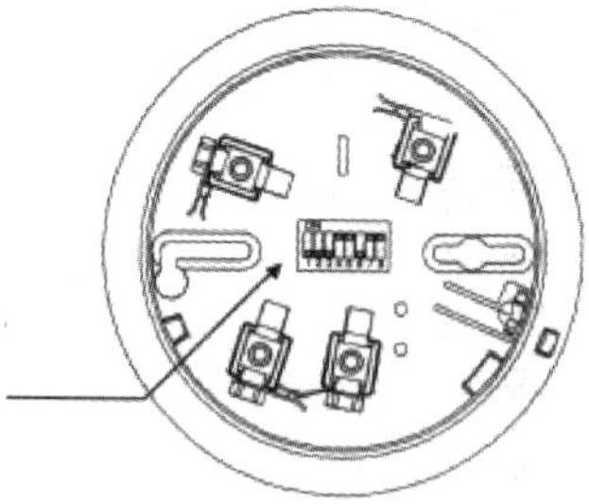

2．调试

上电后，可通过吹风机测试感温探测器工作正常与否，系统报警功能是否正常。系统应正常显示，如图2—1所示。

2.3.3　消防报警系统的调试（烟感）

1．地址码编码方式及识别（见2.3.1的第1点和第2点）

2．调试

上电后，可通过烟枪测试感烟探测器工作正常与否，系统报警功能是否正常。系统应正常显示，如图2—1所示。

2.3.4　气体灭火系统的调试（1点报警）

1．用喷枪对感烟探测器喷烟使其报警。

2. 主机显示某处火警，如图 2—2 所示。

0001 温感	2010/08/17	11:27:54
H10 四川北路温感 87 弱电设备集中室		

图 2—2　主机显示某处火警

3. 现场控制盘显示一次火警，如图 2—3 所示。

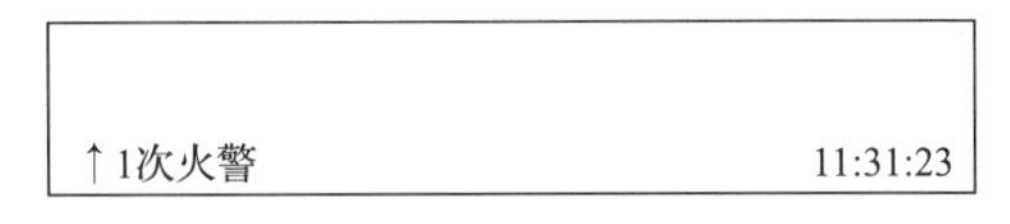

图 2—3　正常火警

4. 防护区域警铃报警，保护区域防火阀动作后，再按消音按钮，按复位按钮，如图 2—4 所示。

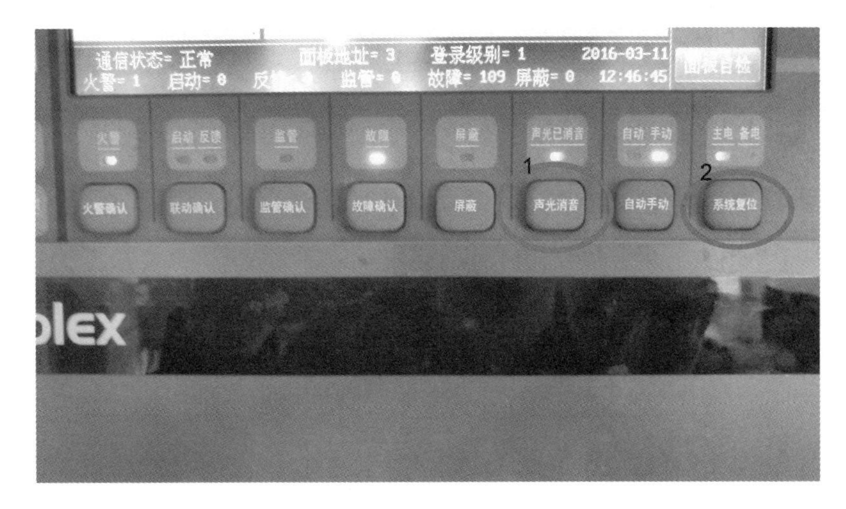

图 2—4　按钮位置

5. 将控制盘放回自动，对气体灭火系统主机进行复位，对防火阀进行复位，如图 2—5 所示。

2.3.5　气体灭火系统的调试（2 点报警）

1. 拆下气瓶电磁阀，专用烟枪测试感烟探测器时应发出报警信号，气体控制器报警指示灯应亮。

2. 一路探测器回路报警启动，警铃、报警闪灯应动作，发出声光报警。

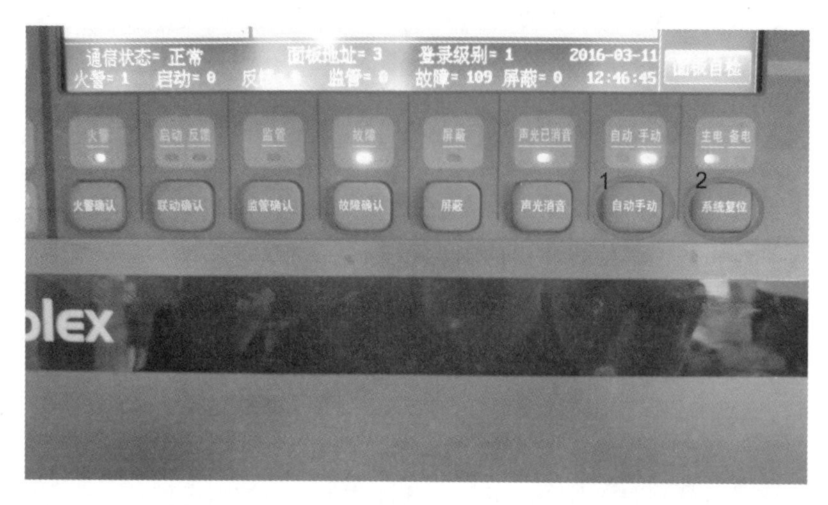

图 2—5 按钮位置

3. 用吹风机吹感温探测器，启动二路报警，控制盘应发出报警并启动喷放程序，开始 30 s 计时，30 s 后启动相应选择阀和电磁阀。

4. 分别查验车控室灭火控制盘和 FAS 系统的报警和事件记录，和实际试验过程应完全一致。

5. 调试完毕后，对选择阀、瓶头阀进行复位安装，系统恢复正常，如图 2—6 所示。

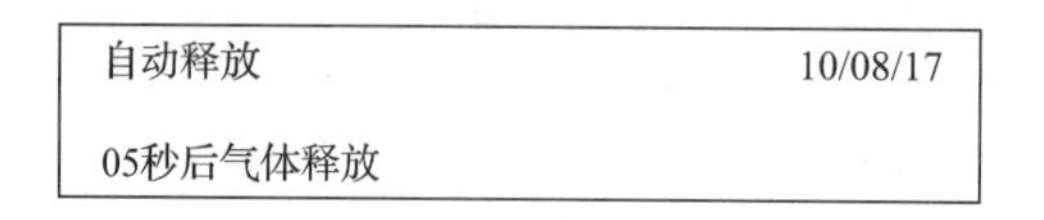

图 2—6 气体喷放系统显示图

2.4 固定消防设施设备的检修与维护

2.4.1 消火栓灭火系统的检修与维护

1. 周期：半月或月

(1) 栓外检查。检查栓门关闭是否良好；锁、玻璃有无损坏；指示灯、报警按钮、警铃是否齐全，有无脱落；消火栓的合格证是否完好。

(2) 栓内检查（用手电光透过玻璃照亮检查）。检查栓内部件是否齐全，固定是否良好，有无脱落；电线是否影响操作；栓内水龙头有无渗漏。

(3) 报警联动测试。消火栓泵处于自动状态，随机抽取一个消火栓进行报警试验，栓上指示灯应亮，警铃应响，消防中心应有正确的报警显示，同时应联动消火栓泵启动加压，待压力达到规定要求时，应马上停泵。

(4) 若栓门封条有脱落破损的，则要补贴封条。

2. 周期：季

(1) 完成月保养的内容。

(2) 测试消火栓报警按钮时应随机抽取总数的10%进行试验，要求同月保养的规定。

3. 周期：年

(1) 完成月保养中栓外检查部份。

(2) 取出水带，仔细检查有无破损，若有，则应立即修补或更换；检查有无发黑发霉，若有，则应取出刷净、晾干。

(3) 将水带交换摺边和翻动一次。

(4) 检查水枪头、水带接头联接是否方便牢固、有无缺损，若有，则应立即修复，然后擦净在栓内放好。

(5) 检查电线接头、按钮触点、指示灯座（头）是否良好，进行除锈紧固。

(6) 检查管道上的压力表、水流指示器是否紧固，指针是否灵活。

(7) 检查修整全部支架、管道，检查整个系统有无渗漏情况。掉漆部位应重新补刷同色油漆，管道标志应清晰。

(8) 管道进行放水冲洗除锈。将栓内阀门开闭一次，检查是否灵活，并清除阀口附近锈渣，替换阀上老化的皮垫，将阀杆上油。

(9) 将各部件存放整齐后，关上栓门。

(10) 逐个测试报警按钮、指示灯显示的正确性。

(11) 完成以上保养后，换上新的合格证。

2.4.2 水喷淋灭火系统的检修与维护

1. 日常巡检的内容和要求

(1) 检查消防泵、喷淋泵就地控制箱的控制开关，正常状态应设置在自动位置。

(2) 喷水系统湿式报警阀应无漏水、滴水，阀门开启应灵活。

（3）管道的压力表应完好，水压应在规定的范围内（0.15～0.5 MPa）。

（4）检查消防泵、稳压泵的工作状态，稳压泵运行应无异常声响、震动和过热现象，供水压力应大于0.25 MPa。

（5）检查喷头，清除喷头上的异物和积灰，更换损坏的喷头。

（6）消火栓箱内的水带、水枪应无缺损，手动报警器、消防泵启动按钮应无损坏。

2．周期：月

（1）按下列要求进行放水检查和试验

1）每个防火区抽一只末端放水阀放水，水流指示器、湿式报警阀的动作应准确。

2）对各湿式报警阀进行放水试验，放水时压力开关、水力警铃应动作、报警。

3）喷淋泵应自动启动，FAS系统应准确接收和显示放水试验的动作反馈信息。

（2）模拟启动试验

1）每月进行一次喷淋泵、消防泵联动和就地启动试验。

2）在紧急控制盘或BAS系统上启动和停止喷淋泵、消防泵，泵的启动和停止应准确。

3）消火栓的启动按钮启动消防泵，消防泵应能联动启动。

（3）将就地控制箱设置在手动位置，手动操作喷淋泵、消防泵的启动和停止，泵应能准确动作和运行。

（4）联动和就地操作时，FAS系统的反馈信号应正常、准确无误。

2.4.3 消防泵控制柜的检修与维护

1．周期：半月或月

（1）做好保洁工作，清扫控制柜外表灰尘。

（2）检查各指示灯、电表指示是否正常。

（3）就地启动消防泵，观察控制柜运行情况，各电表指示是否正常，是否有异常声响。

（4）控制柜保养完毕，转换开关应处于自动状态。

（5）在以上保养中出现异常情况时，应在当天予以纠正，保证系统正常。

2．周期：季

做好控制柜内的保洁工作，检查并紧固各接线螺钉，检查主回路触点，若触点严重烧蚀（触头点磨损至原厚度1/3），则应更换触头。

3. 周期：年

(1) 完成一级保养内容。

(2) 柜内所有接头紧固，检查各元件有无破损、脱落。

(3) 线路绝缘电阻不低于 0.5 MΩ，无破皮裸露。

(4) 柜内线路标示清晰，柜门内有电气原理图。

(5) 电路连接正确，启停过程电器动作顺序正确。

(6) 各转换开关、按钮操作灵活，各指示灯指示正确。

(7) 检查完毕后，清洁柜内所有灰尘、杂物，紧固柜内所有接头螺钉。

2.4.4 气体灭火系统的检修与维护

1. 周期：周

防护区门窗无破损，闭门器无故障，能自动闭合，通风口防火阀手动、电动操作应灵活、可靠。泄压口设置功能检查应正常，无缺损。声光报警装置区内、区外应齐全、无缺损。温感、烟感指示灯显示正常，周围无漏水、无遮挡物。气体喷头外观应无缺损，周围无遮挡物、无漏水。

2. 周期：季

(1) 集流管焊接和外镀锌应无损伤、锈蚀，外涂红漆无大面积脱落。泄压装置泄压口方向应不朝向操作面和人员通道，无锈蚀。

(2) 高压软管和单向阀应无缺损、碰撞损伤，标志应齐全，安装方向应与灭火剂流动方向一致。

(3) 选择阀应无碰撞变形、机械性损伤、锈蚀，标志牌应完整、清晰。防护区名称或编号的永久性标牌应无缺损、清晰。

(4) 气体驱动装置应无碰撞变形及机械性损伤，应有完整的手启铅封。驱动介质名称和防护区名称、编号应齐全，标志清晰。

(5) 输送管线平整光滑、无锈迹，安装牢固，支架无松动，管道外表面红色油漆应明显、无大面积掉色。

(6) 储存容器外观检查应无变形、缺陷，手动操作装置应有铅封，规格应一致，高度差应不大于 10 mm。储存容器上的压力表应符合设计要求，在规定的检测有效期内。

(7) 设备编号应标明规定的灭火剂名称和编号。充装压力应不小于相应温度下的储存压力和不大于该储存压力的 5%。

（8）对灭火系统控制盘、UPS、双电源自切箱等外表进行清洁，做到无积灰、无污渍。每月对气体储存室进行清扫、保洁，做到：天花板和墙面应无积灰、无蜘蛛网、无装饰或粉刷层脱落；通风口应清洁、无积灰；地坪应整洁、干净，无积灰和积水，无杂物堆放；气瓶、气瓶组、阀门、管道、管件等应无积灰、无污渍。

（9）对双电源自切箱进行失电自切试验，断电切换和 UPS 供电时设备应工作正常。对各保护区进行一次自动和手动气体喷放模拟试验。

3. 周期：年

（1）检查系统功能，自动、手动模式转换操作应准确、无故障。

（2）模拟烟雾、温度，报警功能应正常，模拟试验功能应正常，警铃、声光报警装置功能正常，声音响度、闪灯亮度应符合规定。

（3）紧急手动启动喷气试验功能应正确，手动启动模拟喷气功能应正常，紧急止喷功能应正常，选择阀手动操作功能应正常。

（4）控制盘内部应无积灰和污渍，无垃圾和多余物，控制盘内部板卡无积灰，线缆接线牢固，标志清晰，接插件连接可靠、无松动。

（5）电池组外表应无积灰、污垢，无漏液和鼓胀现象，电源失电后，UPS 供电正常，设备无报警，测量电池电压应为 11.4～13.8 V。

2.4.5 高压细水雾的检修与维护

1. 周期：月

（1）对泵组、区域阀组进行检查和清洁

1）对泵组控制柜外部、控制面板表面进行清洁，应无积灰、无污垢。

2）检查和清洁稳压泵、高压泵、管道、阀门、压力表等，外部应无积灰、无锈斑。

3）阀门、管道和管件连接处应无渗水、滴水，无外力损伤。

4）清洁区域阀组箱体外部，应无积灰，阀组内部阀门、电动阀应无渗水、无锈斑。

5）检查和清洁阀组压力表、流量开关、压力开关，应指示正确、动作正常。

6）清洁区域阀组手动控制盒表面，控制盒接线应连接可靠、无松动。

（2）功能检查

1）检查前应关闭泵组出水阀，打开泵组控制柜，先依次关闭各电动机热保护器开关，“系统故障”指示灯应亮，然后打开各热保护器开关，控制柜应“电动机热故障”

报警。

2）打开泵组的测试阀，稳压泵压力低于1.0 MPa时应启动。

3）稳压泵运行超过10 s，压力还没有达到1.2 MPa时，1号主泵应自动启动。

4）测试阀保持开状态，直到2号主泵启动。

5）检查3号泵（备用泵）启动状况：

①关闭1号主泵，3号泵应启动。

②打开1号主泵，3号泵应停机。

③关闭2号主泵，3号泵应启动。

④打开2号主泵，3号泵应停机。

6）缓慢关闭测试阀，按下“紧急停止”按钮，泵组应停止运行。

7）打开测试阀释放泵组压力，当压力降至1.0 MPa时，关闭测试阀，按下泵组控制柜的“系统复位”按钮，系统复位。

8）打开出水阀，按下“紧急停止”按钮，停止泵组运行，检查结束。

2. 周期：年

（1）高压泵组控制柜报警盘功能试验

1）关闭泵组出水阀，报警盘上显示“主出水阀关闭”报警应动作，打开出水阀报警应消失。

2）打开控制柜，按下k01、k02电流接触器试验按钮，报警盘上显示“电机启动失败”报警应动作。

3）按下“紧急停止”按钮，报警盘上显示“紧急停止动作”报警应动作。

4）打开水箱排水阀，水箱水位到最低水位时，报警盘上显示“水箱低液位”报警应动作，进水阀应自动打开。

5）关闭进水手动阀，继续排水，水箱水位低于最低水位时，控制柜应自动停机，不能再启动。

6）打开进水手动阀给水箱补满水，打开泵组测试阀，稳压泵应自动启动，10 s后“泄漏报警，稳压泵工作”报警应动作。

7）按下“启动”按钮或打开测试阀，高压泵应启动，“系统初始化”报警应动作。

8）检查完毕后，水箱应充满水，打开出水阀和进水手动阀，按下“紧急停止”按钮，按下“系统报警复位”按钮，泵组应复位。

（2）区域阀组启动功能试验

1）测试前关闭泵组电动出水阀。

2）关闭区域阀组出水手动阀，打开排水调试球阀，接调试装置和排水桶。

3）车控室启动区域阀组，区域阀组测试阀应有出水，压力开关或流量开关应动作，FAS 系统应报警。

4）关闭区域阀组，就地控制盒手动启动区域阀组，测试阀应出水，压力开关或流量开关应动作。

（3）FAS 系统火灾模拟联动功能试验

1）高压细水雾系统泵组和区域阀组应设置在自动模式。

2）模拟保护区火灾，FAS 系统报警。

3）FAS 控制器发出控制信号，打开相应的区域阀组电动阀，稳压泵自动启动。

4）高压主泵、备泵先后启动，高压细水雾经喷头喷水。

5）FAS 系统泵组启动，各阀门、压力开关动作反馈信号应准确。

2.5 BAS 系统基础

楼宇自动化系统（Buildings Automation System，BAS）是将建筑物或建筑群内的电力、照明、空调、给排水、消防、运输、保安、车库管理设备或系统，以集中监视、控制和管理为目的而构成的综合系统。楼宇自动化系统通过对建筑（群）的各种设备实施综合自动化监控与管理，为业主和用户提供安全、舒适、便捷、高效的工作与生活环境，并使整个系统和其中的各种设备处在最佳的工作状态，从而保证系统运行的经济性和管理的现代化、信息化和智能化。

楼宇自动化系统（BAS）对整个建筑的所有公用机电设备（包括建筑的中央空调系统、给排水系统、供配电系统、照明系统、电梯系统）进行集中监测和遥控，以提高建筑的管理水平，降低设备故障率，减少维护及营运成本。

设计 BAS 系统的主要目的在于将建筑内各种机电设备的信息进行分析、归类、处理、判断，采用最优化的控制手段，对各系统设备进行集中监控和管理，使各子系统设备始终在有条不紊、协同一致和高效、有序的状态下运行，创造出一个高效、舒适、安全的工作环境，降低各系统造价，尽量节省能耗和日常管理的各项费用，保证系统充分运行，从而提高智能建筑的现代化管理水平和服务，使投资得到一个良好的回报。楼宇机电设备监控系统作为智能建筑楼宇自动化系统非常重要的一部分，担负着对整座大厦内机电设备的集中监测和控制，以保证所有设备的正常运行，并达到最佳状态。

2.5.1 PLC的基础知识

1. PLC的定义

PLC（Programmable Logic Controller）是可编程逻辑控制器。它采用一类可编程的存储器，用于其内部存储程序，执行逻辑运算、顺序控制、定时、计数与算术操作等面向用户的指令，并通过数字或模拟式输入/输出控制各种类型的机械或生产过程。

早期的可编程控制器称作可编程逻辑控制器（Programmable Logic Controller, PLC），它主要用来代替继电器实现逻辑控制。随着技术的发展，这种采用微型计算机技术的工业控制装置的功能已经大大超过了逻辑控制的范围，因此，今天这种装置称作可编程控制器，简称PC。但是，为了避免与个人计算机（Personal Computer）的简称混淆，所以将可编程控制器简称PLC。PLC自1969年由美国数据设备公司（DEC）研制出现，现行美国、日本、德国的可编程控制器质量优良，功能强大。

20世纪70年代初出现了微处理器，人们很快将其引入可编程控制器，使PLC增加了运算、数据传送及处理等功能，成为真正具有计算机特征的工业控制装置。此时的PLC为微机技术和继电器常规控制概念相结合的产物。个人计算机发展起来后，为了方便和反映可编程控制器的功能特点，可编程控制器定名为Programmable Logic Controller，简称PLC。

20世纪70年代中末期，可编程控制器进入实用化发展阶段，计算机技术已全面引入可编程控制器中，使其功能发生了飞跃。更高的运算速度、超小型体积、更可靠的工业抗干扰设计、模拟量运算、PID功能及极高的性价比奠定了它在现代工业中的地位。

20世纪80年代初，可编程控制器在先进工业国家中已获得广泛应用。世界上生产可编程控制器的国家日益增多，产量日益上升。这标志着可编程控制器已步入成熟阶段。

20世纪80年代至90年代中期，是PLC发展最快的时期，年增长率一直保持在30%～40%。在这一时期，PLC的处理模拟量能力、数字运算能力、人机接口能力和网络能力得到大幅度提高，逐渐进入过程控制领域，在某些应用上取代了在过程控制领域处于统治地位的DCS系统。

20 世纪末期，可编程控制器的发展特点是更加适应于现代工业的需要。这个时期发展了大型机和超小型机，诞生了各种各样的特殊功能单元，生产了各种人机界面单元、通信单元，使应用可编程控制器的工业控制设备的配套更加容易。

2. PLC 的特点

PLC 具有以下鲜明的特点：

（1）系统构成灵活，扩展容易，以开关量控制为其特长；能进行连续过程的 PID 回路控制；能与上位机构成复杂的控制系统，如 DDC 和 DCS 等，实现生产过程的综合自动化。

（2）使用方便，编程简单，采用简明的梯形图、逻辑图或语句表等编程语言，而无需计算机知识，因此系统开发周期短，现场调试容易。另外，可在线修改程序，改变控制方案而不拆动硬件。

（3）能适应各种恶劣的运行环境，抗干扰能力强，可靠性强，远高于其他各种机型。

3. PLC 的分类

可编程控制器类型很多，可从不同角度进行分类。

（1）按控制规模分。控制规模主要指控制开关量的入、出点数及控制模拟量的模入、模出，或两者兼而有之（闭路系统）的路数。但主要以开关量计。模拟量的路数可折算成开关量的点，大致一路相当于 8 ~ 16 点。

依点数，PLC 大致可分为微型机、小型机、中型机及大型机、超大型机。

一般来说，应根据实际的 I/O 点数，选用相应的机型。但是也有特殊情况，如控制点数不是非常之多，不是非用大型机不可，但因大型机的特殊控制单元多，可进行热备配置，因而采用了大型机。

（2）按结构划分。PLC 按结构可分为箱体式和模块式两大类。微型机、小型机多为箱体式，但从发展趋势看，小型机也逐渐发展成模块式的了。如 OMRON 公司，原来的小型机都是箱体式，现在的 CQM1 则为模块式。

箱体式的 PLC 把电源、CPU、内存、I/O 系统都集成在一个小箱体内。一个主机箱体就是一台完整的 PLC，可用以实现控制。控制点数不符合需要时，可再接扩展箱体，由主箱体及若干扩展箱体组成较大的系统，以实现对较多点数的控制。

模块式的 PLC 是按功能分成若干模块，如 CPU 模块、输入模块、输出模块、电源模块等。大型机的模块功能更单一一些，因而模块的种类也相对多一些。这也可以说是趋势。目前一些中型机，其模块的功能也趋于单一，种类也在增多。模块功能更单一、品种更多，可便于系统配置，使PLC更能物尽其用，达到更高的使用效益。

由模块联结成系统有三种方法：

1）无底板。靠模块间的接口直接相联，然后再固定到相应的导轨上。德维森公司的V80系列PLC就是这种结构，比较紧凑。

2）有底板。所有模块都固定在底板上。如德维森公司的PPC11、PPC22和PPC31系列PLC，OMRON公司的C200 Ha机，CV2000等中、大型机采用这种结构。它比较牢固，但底板的槽数是固定的，如3、5、8、10槽等。槽数与实际的模块数不一定相等，配置时难免有空槽。这既浪费，又多占空间，还得占空单元把多余的槽作填补。

3）用机架代替底板。所有模块都固定在机架上。这种结构比底板式的复杂，但更牢靠。一些特大型的PLC用的多采用这种结构。

2.5.2 PLC的组成

可编程控制器主要由中央处理单元（CPU）、存储器（RAM、ROM）、输入输出单元（I/O）、电源和编程器等几部分组成，其内部采用总线结构进行数据和指令的传输。如果把PLC看作一个系统，该系统由输入变量→PLC→输出变量组成。外部的各种开关信号、模拟信号、传感器检测的各种信号均作为PLC的输入变量，它们经PLC外部输入端子输入到内部存储器中，经PLC内部逻辑运算或其他各种运算、处理后送到输出端子，成为PLC的输出变量，由这些输出变量对外围设备进行各种控制。

1. CPU

CPU是中央处理器（CENTRE PROCESSING UNIT）的英文缩写，作为整个PLC的核心，起着总指挥的作用。CPU一般由控制电路、运算器和寄存器组成。这些电路通常都被封装在一个集成电路的芯片上。CPU通过地址总线、数据总线和控制总线与存储单元、输入输出接口电路连接。CPU主要具有以下功能：

（1）从存储器中读取指令。CPU从地址总线上给出存储地址，从控制总线上给出读取命令，从数据总线上得到读出的指令，并放在CPU内的指令寄存器中。

（2）执行指令。对存入指令寄存器的指令操作码进行译码，执行指令规定的操作。如读取输入信号、取操作数、进行逻辑运算和算术运算、将结果输出等。

（3）取下一条指令。CPU在执行完一条指令后，能根据条件产生下一条指令的地址，取出和执行下一条指令。在 CPU 的控制下，程序的指令可以按顺序执行，也可以进行分支或转移。

（4）处理中断。CPU 除了能按顺序执行程序外，还能接收输入输出接口发来的中断请求，并进行中断处理。中断处理完以后，再返回原地，继续顺序执行。

目前，小型 PLC 多采用 8 位或 16 位 CPU，在高档机中现已采用 32 位 CPU，功能极强。

2. **存储器**

存储器主要用于存放系统程序、用户程序以及工作数据。存放系统软件的存储器称为系统程序存储器；存放应用软件的存储器称为用户程序存储器；存放工作数据的存储器称为数据存储器。

（1）存储器的类型。PLC 常用的存储器类型有以下几种：

1）RAM（Random Access Memory）。RAM 是一种读/写存储器或者称为随机存储器，可以随时由 CPU 对它进行读出和写入，存储速度快。有锂电池支持的 RAM 可以满足各种应用的需要。RAM 一般作为数据存储器。

2）ROM（Read Only Memory）。ROM 称为只读存储器，其内容一般不能修改，可将系统程序固化到 ROM 中，掉电后其内容不变。

3）EPROM（Erasable Programmable Read Only Memory）。EPROM 是一种可擦除的只读存储器，在紫外线连续照射约 20 min 后，即能将存储器内的所有内容清除。加高电压（12.5 V 或 24 V）可以写入程序。在断电情况下，存储器内的内容保持不变，所以系统程序及用户程序可以保存在这类存储器中。

4）EEPROM（Electrical Erasable Programmable Read Only Memory）。EEPROM 也可写成 E2 PROM，是一种电可擦除的只读存储器。使用编程器就能很容易地对其所存储的内容进行修改，它兼有 RAM 和 EPROM 的优点。若要对某存储单元写入时，必须先擦除该存储单元的内容后才能写入。读/写过程约 10 ~ 15 ms。执行读/写操作的次数有限，约 1 万次。

（2）PLC 存储器空间的分配。不同 PLC 的 CPU 的最大寻址存储空间各不相同，但一般可分为三个区域：系统程序存储器、系统 RAM 存储区（包括 I/O 映像区和系统软设备等）和用户程序存储区。

1）系统程序存储区。该存储区一般采用 ROM 或 EPROM 存储器。系统程序存储区用以存放系统程序，包括监控程序、管理程序、命令解释程序、功能子程序、系统诊断程序等。由制造厂家将系统程序固化到 ROM 或 EPROM 中，用户不能直接存取。它和硬件一起决定了PLC的各项性能。

2）系统RAM存储区。该存储区包括I/O映像区以及各类软设备（如逻辑线圈、数据寄存器、记时器、计数器、变址积存器、累加器等）存储区。该区存放一些现场数据和运算结果。在实际控制系统中，现场数据要不断输入到PLC中，PLC根据运算结果，再将控制命令从输出口输出。现场数据是不断变化的，这就要求在PLC内有一定量的存储器，既能写入，又能被刷新。RAM可读写存储器就具有这样的特点。

除了数据存储外，在PLC中还开辟有输入、输出映像区，以及定时器与计数器的设定值与当前值的数据存放区，而一般微机系统的数据存放区只存放数据内容。

3）用户程序存储区。该存储区存放用户编制的用户程序。该区一般采用EPROM或EEPROM存储器，或加备用电池的RAM。中小容量PLC的用户程序存储器一般不超过8 KB，大型PLC的存储容量高达几百K字节。

3. I/O单元

实际生产过程中的信号电平是多种多样的，外部执行机构所需的电平也是千差万别的，而可编程控制器的CPU所处理的信号只能是标准电平，正是通过输入输出单元实现了这些信号电平的转换。I/O单元实际上是PLC与被控对象间传递输入输出信号的接口部件。I/O单元有良好的电隔离和滤波作用。接到PLC输入接口的输入器件是各种开关、按钮、传感器等。PLC的各种输出控制器件往往是电磁阀、接触器、继电器，而继电器有交流型和直流型、高电压型和低电压型以及电压型和电流型之分。

（1）输入接口电路。各种PLC的输入电路大都相同，通常有三种类型，一种是直流12～24 V输入，另一种是交流100～120 V，200～240 V输入，第三种是交直流12～24 V输入。外界输入器件可以是无源触点或者有源传感器的集电极开路的晶体管，这些外部输入器件是通过PLC输入端子与PLC相连的。

PLC输入电路中有光耦合器隔离，并设有RC滤波器，用以消除输入触点的抖动和外部噪声干扰。当输入开关闭合时，一次电路中流过电流，输入指示灯亮，光耦合器被激励，三极管从截止状态变为饱和导通状态，这是一个数据输入过程。

（2）输出接口电路。PLC的输出有三种形式：继电器输出、晶体管输出、晶闸管输出。

继电器输出型最常用。当CPU有输出时，接通或断开输出电路中继电器的线圈，继电器的接点闭合或断开，通过该接点控制外部负载电路的通断。很显然，继电器输出是利用了继电器的接点和线圈将 PLC 的内部电路与外部负载电路进行了电气隔离。晶体管输出型是通过光耦合使晶体管截止或饱和以控制外部负载电路，并同时对 PLC 内部电路和输出晶体管电路进行了电气隔离。第三种是双向晶闸管输出型，采用了光触发型双向晶闸管。三种输出形式以继电器型响应最慢。

输出电路的负载电源由外部提供。负载电流一般不超过 2A。实际应用中，输出电流额定值与负载性质有关。

通常，PLC 的制造厂商为用户提供多种用途的 I/O 单元。从数据类型上看有开关量和模拟量；从电压等级上看有直流和交流；从速度上看有低速和高速；从点数上看有多种类型；从距离上看可分为本地 I/O 和远程 I/O。远程 I/O 单元通过电缆与 CPU 单元连接，可放在距 CPU 单元数百米远的地方。

4. 电源单元

PLC 的供电电源是一般市电，也有用直流 24 V 供电的。PLC 对电源稳定度要求不高，一般允许电源电压额定值在 +10% ~ −15% 的范围内波动。PLC 内有一个稳压电源，用于对 PLC 的 CPU 单元和 I/O 单元供电。小型 PLC 电源往往和 CPU 单元合为一体，中大型 PLC 都有专门的电源单元。有些 PLC 电源部分还有 24 VDC 输出，用于对外部传感器供电，但电流往往是毫安级。

5. 编程器

编程器是 PLC 最重要的外围设备。利用编程器将用户程序送入 PLC 的存储器，还可以用编程器检查、修改程序；利用编程器还可以监视 PLC 的工作状态。编程器一般分为简易型编程器和智能型编程器。小型 PLC 常用简易型编程器，大中型 PLC 多用智能型 CRT 编程器。除此以外，在个人计算机上添加适当的硬件接口和软件包，即可用个人计算机对 PLC 编程。利用微机作为编程器，可以直接编程并显示梯形图。

2.5.3 PLC 的主要技术指标

1. 存储器容量

存储器容量通常用 K 字节（KB）来表示，这里 1 K = 1 024 B。在 PLC 中程序指令是按“步”存放的（一条指令往往不止一“步”），一“步”占用一个地址单元，一个地址单元一般占 2 个字节。例如，一个内存容量为 1 000 步的 PLC，可推知其内存为 2 KB。

一般小型机的内存为1 KB到几KB，大型机的内存为几十KB，甚至可达1～2 MB。

2. 扫描速度

扫描速度一般以执行1 000步指令所需时间来衡量，故单位为ms/KB运算程序。较快的为1 ms/KB逻辑运算程序、10 ms/KB数字运算程序，最快的为0.75 ms/KB逻辑运算程序。

3. I/O点数

I/O点数指PLC外部输入、输出端子总数，这是PLC最重要的一项技术指标。一般小型机在256点以下（无模拟量），中型机在256～2 048点（模拟量64～128路），大型机在2 048点以上（模拟量128～512）。

4. 编程语言

不同的PLC，其编程语言不同，互不兼容，但具有互相转换的可移植性。编程语言的指令条数是衡量PLC软件功能强弱的主要指标。指令越多，编程功能越强。

2.6 BAS系统概论

地下车站机电设备自动控制系统是将轨道交通地下车站、区间和相关建筑内的环控、低压配电、照明系统、给排水系统等，以集中监控和科学管理为目的而构成的综合自动化系统，用以对城市轨道交通地下车站机电设备进行集中监控，并对其环境进行实时监测和优化控制。通过现代化自动控制技术与网络技术，对城市轨道交通地下车站机电设备运行状况实时集中控制、监视和报警，减少设备操作复杂性及操作难度，协调设备动作。以经济运行为目的，对车站环境进行监测，并根据采集的数据控制地下车站环控设备高效运行，提高车站环境质量，为乘客提供最佳乘车环境，通过计算机程序化管理实现能源和车站机电设备管理的现代化、科技化，降低运行成本。由消防报警系统提供火灾报警信息，地下车站机电设备自动控制系统联动相关的机电设备转向火灾模式，实现地下轨道交通发生火灾时机电设备的联动自动化，将火灾的影响程度降到最低，保证轨道交通设备和乘客的安全。当列车在区间发生火灾和阻塞时，联动控制区间隧道通风设备执行火灾工况；监视车站和相关建筑物内各泵房危险水位；监控区间泵房水位状态，保证轨道交通安全运行。通过对车站机电设备运行状况分析、环境参数的采集，为设备管理提供决策依据，实现车站机电设备的科学管理和合理维护。

2.6.1 BAS 系统的组成及功能

地下车站机电设备自动控制系统通常由中央、车站、现场三级实现对环控、给排水、冷水机组、热泵机组的监视和控制。目前上海轨道交通线路中大部分线路实现了中央、车站、现场三级对环控、给排水、冷水系统的监视和控制。

1. BAS 中央级

系统中央级设于控制中心的中央控制室，主要由计算机主机、显示器、打印机、网络 TAP、隧道火灾通风控制盘、中央控制器等组成。中央级监控系统设在控制中心，系统建立在开放、高可靠性的冗余局域网上。中央局域网采用开放协议，具有客户/服务器结构，通信速率为 10/100 Mbps。网络内包括中央监控系统服务器、监控工作站、后台管理及系统维护工作站、实时事件打印机、制表打印机、大屏幕投影仪接口设备。控制中心的 FAS 系统、信号系统亦可联入该计算机局域网，实现资源共享、信息互通。中央监控 EMCS 的系统服务器配置两套网络接口：一套向下连入全线车站设备监控系统（EMCS）专用以太通信网；一套向上联入中央监控 EMCS 计算机局域网。

2. BAS 车站级

系统车站级设于车站控制室内，主要由计算机主机、显示器、打印机、网络 TAP、控制器接口、消防报警接口（HLI）等组成。控制器接口通过车站监控系统通信网络与车站监控工作站及控制中心通信，接收控制中心指令并控制现场控制器，同时，将设备运行状态和参数送到车站监控工作站及控制中心。车站控制系统通过网络接口设备向上与中央监控 EMCS 系统连接。

网络接口设备在本车站负责连接车站的监控工作站、控制器及打印机等设备，同时，还要保证车站网络与中央监控系统在不依赖监控工作站的情况下，实现网络通信，在监控工作站出现故障的情况下，应自动将车站设备的工作状态直接向控制中心传递，保证控制中心能对本车站设备进行有效监视，将车站设备转入防灾模式运行。车站级主要监视和控制地下轨道交通线路车站通风空调设备的运行；监视车站给排水设备的运行状态；控制和监视所辖区间隧道给排水设备的运行状态；按照节能优化要求，确定本车站环控设备最佳运行模式并执行；按照通风与空调系统环控工艺要求，对车站通风空调设备和区间隧道通风设备进行正常及灾害模式控制运行；实时显示车站机电设备故障；显示车站监视和记录车站根据环控系统的工艺要求测试典型区域测试点的温度、湿度等环境参数；显示记录机电设备的操作状况，产生报警信息和累积运行时间；具有信息打印功能，能打印各类数据统计报表、操作和报警信息；对操作信息、报警信息进行实时记录、历史记录；进行故障查询和分析，同时可以自行编辑报表，也可自动生成日、周、月的报表；进行档案资料的记录和存储。

具有彩色动态显示和多级显示功能，车站综合显示、车站系统的显示、分类画面的显示、环控模式显示等；通过接口设备（PLC 或 HLI）接受车站消防报警系统发送的火灾信息，并根据火警信息内容自动执行相应火灾通风模式，控制环控设备按照火灾工况运行；将车站被控设备运行状态、报警信号及测试点数据及时送至 OCC，并接受中央级的各种监控指令和运行模式。

3. BAS 现场级

现场控制器一般集中于环控电控室，部分分散设置于现场被监控的设备附近。轨道交通线路地下车站机电设备自动控制系统的现场控制设备采用 PLC 系统。现场控制器具备软件联锁保护设置；控制被控设备顺序动作；系统各种运行参数的采集及存储通过一定的计算，以实现环境和设备优化的控制；对中央级、车站级下达的控制指令和控制模式、设定值的更改和其他关联参数的修正，由现场控制器处理后执行；接收安装于各测试点内的传感器、检测器的信息，按内部预先设置的参数和执行程序自动实施对相应机电设备的监控，或随时接收监控工作站及中央系统发来的指令信息，调整参数或有关执行程序，改变对相应机电设备的监控要求。

2.6.2 BAS 系统的监控内容

目前，BAS 系统现场控制器控制设备的物理形式为继电器接点的断开与闭合，输出点以数字量输出（DO），作用是控制风机、空调机、水泵等设备的启动和停止，控制电动风阀、卷帘门的开启和闭合。另一种模拟量输出（AO）的作用是对冷水二通阀、电动风阀进行调节控制，对照明设备程式控制。现场控制器接收反馈信号以数字量输入（DI）、数字量报警输入（DA）、模拟量输入（AI）三种形式接收。数字量输入（DI）主要是监视风机、空调机、水泵、风阀和卷帘门的运行状态；数字量报警输入（DA）主要是监视重要设备的故障状态，水池的超高水位报警；模拟量输入（AI）主要是接收温、湿度传感器的温度、湿度参数的输入，对所监视设备的电压、电流进行监控。这三种输入的物理形式均为电压电流的大小。

1．空调机组

空调机组监控点的基本配置：开、关控制（DO）；开、关状态显示（DI）；过载报警（DA）；过滤网状态显示及报警（DA）。

2．隧道风机

隧道通风系统监控点的基本配置：事故风机、推力风机的启停控制（DO），正、转控制（DO）；事故风机、推力风机状态的显示（DI），过载报警（DA）。

3．送/排风机

送/排风机监控点的基本配置：启停控制（DO：启、停）；启停状态（DI）；故障报警（DA）。

4．调节/联动风阀和防火阀

（1）电动风阀监控点的基本配置：开关控制（DO：开、关）；开关状态（DI：开到位、关到位）。

（2）电动防火阀监控点的基本配置：开关控制（DO：开、关）；开关状态（DI：开到位、关到位）。

5．冷水机组

冷水机组监控点的基本配置：冷水机组开、关控制（DO）；冷水机组开关运行状态显示（DI）；冷水机组过载报警（DA）；冷冻水进出口温度（AI）。

6．冷冻水系统

冷冻水系统监控点基本配置：冷冻泵开关控制（DO）；冷冻泵运行状态显示（DI）；故障报警（DA）。

7．冷却水系统

冷却水系统监控点基本配置：冷却泵开关控制（DO），冷却泵运行状态显示（DI）；冷却塔开关控制（DO），冷却塔运行状态显示（DI）；冷却塔过载报警（DA）。

2.6.3 BAS 系统与第三方系统信息交换接口

地下车站机电设备自动控制系统在功能上同消防报警、冷水机组等系统进行数据交换实现设备联动。其中，机电设备自动控制系统在车站级设置高级接口，接收消防报警系统按防火分区传输并经消防报警主机确认的火灾信息，并根据火灾报警内容联动火灾模式。机电设备自动控制系统高级接口与消防报警主机接口采用可编程通信口和控制模块继电器输出方式连接，信息报警有火灾分区报警、恢复、火警位置、报警时间、通道检测信息、消防报警接口故障信息、校验信息、信息恢复等。

2.7 BAS系统的运行管理

2.7.1 运行管理组织

机电设备自动控制系统是轨道交通运营安全生产的重要设备，是轨道交通机电设备协调运行的关键，特别是在事故状态下，能够及时控制防火排烟设备自动进入火灾模式任务，因此，它是重要的轨道交通防灾设施。制定周密的维修计划、维修规程和故障处理方法、抢修组织是保障机电设备自动控制系统24小时正常可靠运行的基础和保证。

机电设备自动控制系统维修专业人员必须坚持为一线运营服务的宗旨，本着高度负责的职业精神，执行相关的规章制度，精心维护好系统设备，保证机电设备自动控制系统正常运行。

机电设备自动控制系统设备的维修工作必须贯彻预防与整修相结合，以预防为主的原则，按期进行计划性维修。在维修中应采取多种手段进行检测，充分利用系统本身的检测功能，根据设备状态参数进行早期设备故障诊断，使机电设备自动控制系统的维修由系统投运初期的计划维修和故障维修逐步向状态维修过渡。

1. 维修班组

机电设备自动控制系统设备年度、月度维护、检修计划在核批后，由维修单位检修班组实施。

（1）机电设备自动控制系统设备的维修保养应以预防为主，按计划进行，把技术维护管理的重点放在日常保养工作中去，达到预防故障发生的目的。

（2）根据计划对机电设备自动控制系统设备的主要部件进行日常预防性检查、保养，发现问题及时处理，保证机电设备自动控制系统正常运行。

（3）每月维护、检修计划下达后，检修车间必须认真执行，并检查执行情况，认真总结，对设备运行情况做出评价，上报技术主管部门。

2. 有关人员

机电设备自动控制系统专业维修人员应具有专业维修资格，现场工作必须有两人，以确保安全。维修人员具有一定的计算机知识，熟悉系统软件，熟悉电器二次回路原理、接线。工作时需携带数字万用表、常用电子仪器组合工具、输出继电器（含底座）

等。维修人员在工作前须持检修单在车站进行作业登记，并由车站值班员向环控调度员汇报后，经许可方可检修。

在维修过程中，不能影响消防报警系统的正常工作，而机电设备自动控制系统必须退出模式状态。

2.7.2 运营管理职责

机电设备自动控制系统是城市轨道交通重要的安全保障设施，必须严格执行计划性维修制度，以保证系统良好运行。但是，由于城市轨道交通环境的特殊性和其他非正常不可预测的因素，系统设备的故障不可能完全没有，而快速、正确的抢修处理方式则是系统安全可靠运行的保障。

机电设备自动控制系统的故障按其性质，可分为严重故障、一般故障和次要故障三类。若机电设备自动控制系统出现严重故障，应及时进行紧急抢修，同时通知环调及相关车站采取临时应急措施。其他故障可根据城市轨道交通运营需要进行处理，若故障难以短时间内处理完毕，则可通知环调下令设备转入环控位或现场位操作。

2.8 门禁系统的原理及管理

2.8.1 门禁系统中央级

1. 工作站及服务器

中央级门禁管理系统是一个计算机网络系统，采用 C/S 结构，设在控制中心，对各区域门禁系统进行管理，实现门禁系统全线设备的控制和所有区域的数据采集、统计以及中央级管理、授权等功能。

2. 与其他系统的接口

轨道交通门禁系统与 FAS 系统、BAS 系统、电视监控系统均有接口。

2.8.2 门禁系统车站级

1. 与 FAS 的接口

门禁系统与防灾报警系统采用硬接口连接。当发生火灾时，由防灾报警系统确认火灾信息，通过防灾报警系统与门禁系统接口通知就地门禁控制器，门禁系统控制器收到火灾信息后，可根据事先定义的预案，打开相应的电锁，以便人员及时疏散。

2. 工作站

车站级门禁系统设在各车站、控制中心大楼和主变电所，进行本区域内门禁设备的数据对比、运算处理、采集保存，完成车站级门禁系统控制等功能。车站级门禁系统包括监控管理工作站、门禁主控制器、现场（就地）控制器、读卡器、门禁锁具、出门按钮、紧急破玻按钮、可视对讲装置、电源及网络等设备。

3. 门禁系统的操作

正常运行情况下，门禁系统处于全自动运行状态，无需人为介入运行，由车站工作人员进行监控。车站工作人员可根据各自车站的实际情况对门禁系统进行操作。当设备发生故障时，车站工作人员须及时报修。

（1）火灾情况下，如门禁系统与防灾报警系统联动失败，车站工作人员可启动车控室内IBP盘上紧急释放按钮，将全站门禁释放。

（2）当发生紧急情况，涉及人员生命安全时，如门禁系统无法联动、无法释放，IBP盘紧急释放按钮也无法操作时，车站工作人员可关闭门禁系统总电源，将锁电源断开，释放门禁。

（3）如单扇门禁故障，无法正常投入使用时，除立即报修外，车站工作人员应加强监护，并将该门用机械锁锁闭。

2.8.3 门禁系统现场级

1. 门禁现场控制器

门禁主控制器采用RS－485总线方式与现场（就地）控制器连接，具有对整个站点进行门禁管理和安防的功能。主控制器与监控工作站连接，接受工作站发出的指令。当与工作站通信的网络故障时，主控制器自动转入独立工作模式，并能识别门禁卡，实现所有的门禁功能。网络通信恢复后，主控制器能实时自动连接上通信网路。主控制器的程序和内存具有断电自保持功能。主控制器采用模块化设计，可扩展多个分控模块，管理多个门禁点。

2. 门禁系统终端设备

（1）读卡器（含带密码键盘读卡器）。读卡器能处理与AFC兼容的地铁员工卡，能够识别 M1、TYPEA、TYPEB 等多种卡片。可以根据需要选择身份识别方式：只读卡、读卡后再输入密码、只输入密码、读卡或输入密码。读卡器面板配备状态指示灯，并内置蜂鸣器，用声光提示读卡状态。读卡器与就地控制器最大距离可达 150 m。

（2）磁力锁具。上海轨道交通门禁系统中使用的磁力锁具必须通过 UL 及 CE 认证；电气特性符合门禁就地控制器的接口，使用电压 12 V 或 24 V；锁具适用于不同门（单门、双门，内开、外开等型式）的配置，且满足 90°开门的需要；具有断电解锁功能，满足消防安全要求。

（3）门磁开关。门磁开关一般采用暗装方式，其中装有线路侦测电路，使控制器可以判断门磁报警、恢复、破坏（剪断、旁路）等。

（4）紧急破玻按钮。在正常情况下，门禁点可以通过刷卡、出门按钮、事件联动或切断电源等方式进行开门操作。但是，在紧急情况下，例如火警发生时因设备故障没有开锁，则可以通过紧急破玻按钮来逃生。紧急破玻按钮是意外发生时，可以完全脱离门禁系统开门的应急设备。破玻按钮安装在出门按钮或出门读卡器附近，有两路开关输出：一路接电磁锁，其常闭点与电磁锁、阴极锁供电回路串接；另一路接入门禁控制器报警输入回路。该按钮按下时，断开电磁锁回路释放门锁，同时将触发控制器报警。报警回路装有线路侦测电路，控制器可以判断报警、复位、破坏（剪断、旁路）等状态。

（5）开门按钮。对于单向刷卡的门禁点，安装出门按钮，用于释放对应门禁点的锁。出门按钮装有线路侦测电路，控制器可以判断出门按钮的正常、反常、破坏（剪断、旁路）等状态。

2.9 环境自动控制系统的检查与维护

1. 实训目的

（1）了解大系统。

（2）熟悉大系统的工况切换工艺。

（3）掌握大系统的一般检修方法和手段，能熟练地使用常用工具和简单仪器仪表。

（4）能独立处理大系统工况切换中的简单故障。

2. 实训设备及工具

车站通风仿真系统。

3. 实训内容

（1）实训要求。使用多种方式切换工况；风机、风阀满足给定工况的要求。

（2）操作方法和步骤。车站空调工况的切换方式有四种：EMCS 工况切换、IBP 面板工况切换、环控电控室工况切换、就地现场工况切换。

EMCS 工况切换方法为系统自动根据工况调节，101 - 106 模式为正常模式，107 - 110 模式为火灾模式。工况表见表 2—4。

表 2—4　　工况表

模式号	KXF-I1	KXF-III1	KT-I1	KT-I2	KT-III1	KT-III2	HPF-I1	HPF-I2	HPF-III1	HPF-III2	TK/FF1-I1	TK/FF1-I2	TK/FF1-I3	TK/FF1-II	TK/FF1-II	TK/FF1-II	TK/FP1-I1	TK/FP1-I2	TK/FP3-I1	TK/FP3-I2	TK/FP1-II	TK/FP1-II	TK/FP3-II	TK/DZ-I1	TK/DZ-I2	TK/DZ-I3	TK/DZ-I4	TK/DZ-I5	TK/DZ-III1	TK/DZ-III2	TK/DZ-III3	TK/DZ-III4	TK/DZ-III5	TK/DT-I1	TK/DT-I2	TK/DT-I3	TK/DT-III1	TK/DT-III2	TK/DT-III3
101-最小新风	打	打	变	变	变	变	变	变	变	变	开	开	开	开	开	开	开	开	关	关	开	开	关	关	开	开	开	开	关	开	开	开	开	开	开	开	开	开	开
102-全新风空调I1	关	关	变	变	变	变	变	变	变	变	开	开	开	开	开	开	开	开	关	关	开	开	关	开	关	开	开	开	关	开	开	开	开	开	开	开	开	开	开
103-全新风空调II2	关	关	变	变	变	变	关	关	变	关	开	开	开	开	开	开	开	开	关	关	开	开	关	开	关	关	关	关	开	关	关	关	关	关	开	开	关	开	开
104-通风III1	关	关	变	变	变	变	变	变	变	变	开	开	开	开	开	开	开	开	关	关	开	开	关	开	关	开	开	开	开	关	开	开	开	关	开	开	关	开	开
105-通风III2	关	关	变	变	变	变	关	关	关	关	开	开	开	开	开	开	开	开	关	关	开	开	关	开	关	关	关	关	开	关	关	关	关	关	开	开	关	开	开
106-通风III3	关	关	关	关	关	关	变	变	变	变	开	开	开	开	开	开	开	开	关	关	开	开	关	关	关	开	开	开	关	关	开	开	开	关	关	关	关	关	关
107-站厅	关	关	关	关	关	关	工	工	工	工	保	保	保	保	保	保	开	关	关	关	开	关	关	关	关	开	开	开	关	关	开	开	开	关	关	关	关	关	关
108-站台	关	关	工	工	工	工	工	工	工	工	开	开	关	开	开	关	关	开	开	开	关	开	开	开	关	开	开	开	关	关	开	开	开	关	开	开	关	开	开
109-上行线车行区	关	关	工	工	工	工	关	关	关	关	开	开	关	开	开	关	保	保	保	保	保	保	保	开	关	关	关	关	开	关	关	关	关	关	开	开	关	开	开
110-下行线车行区	关	关	工	工	工	工	关	关	关	关	开	开	关	开	开	关	保	保	保	保	保	保	保	开	关	关	关	关	开	关	关	关	关	关	开	开	关	开	开

模式号	TVF-I1	TVF-I2	TVF-I1	TVF-I2	U/O-I1	U/O-III1	TVS/DZ-I1	TVS/DZ-I2	TVS/DZ-I3	TVS/DZ-I4	TVS/DZ-I5	TVS/DZ-II1	TVS/DZ-II2	TVS/DZ-II3	TVS/DZ-II4	TVS/DZ-II5	TVS/DZ-II6	TVS/DZ-II7	UOS/DZ-I6	UOS/DZ-II8	UOS/FF1-I1	UOS/FF1-I2	UOS/FF1-II	UOS/FF1-II	UOS/FF1-I1	UOS/FF1-I2	UOS/FF1-II	UOS/FF1-II
101-最小新风																												
102-全新风空调I1																												
103-全新风空调I2																												
104-通风III1																												
105-通风III2																												
106-通风III3																												
107-站厅	关	关	关	关	关	关	开	开	开	关	关	开	开	开	开	关	关	关	关	关	开	开	开	开	开	开	开	开
108-站台	关	关	关	关	工	工	开	开	开	关	关	开	开	开	开	关	关	开	开	开	关	关	关	关	关	关	关	关
109-上行线车行区	排	排	排	排	工	工	开	关	关	开	开	开	关	关	关	开	开	开	开	开	关	关	开	开	关	关	开	开
110-下行线车行区	排	排	排	排	工	工	关	开	关	开	开	关	开	关	关	开	开	开	开	开	关	关	开	开	关	关	开	开

EMCS 显示大系统区域图形，如图 2—7 所示。

IBP 工况切换方法是将插入钥匙转至允许（见图 2—8 圈 1），选择空调工况，按下按钮（见图 2—8 圈 2）。

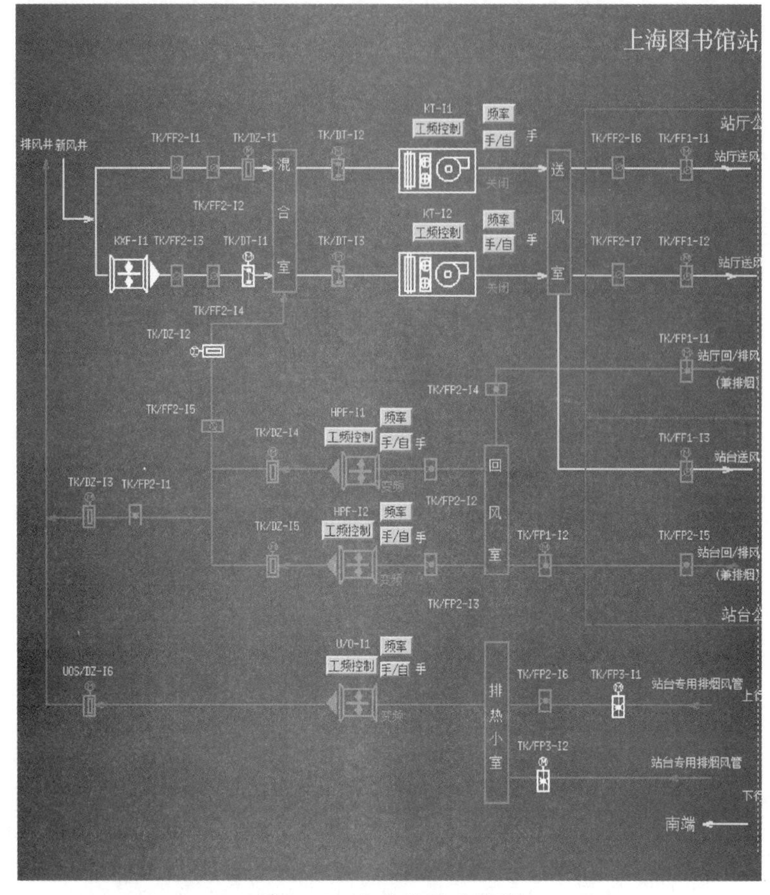

图 2—7　大系统显示图形

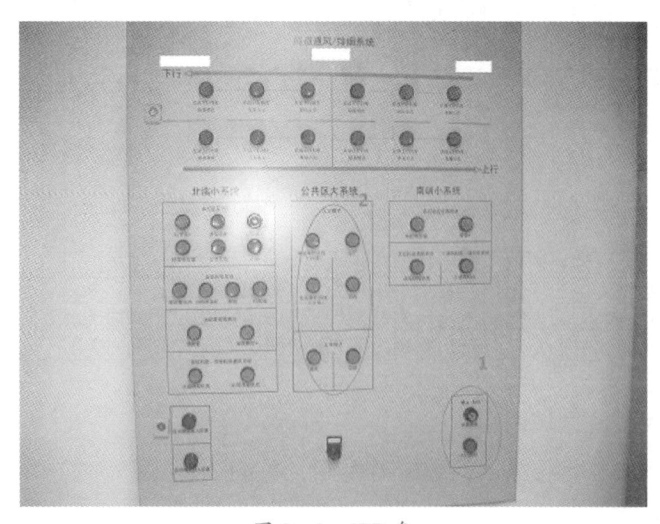
图 2—8　IBP 盘

环控电控室工况切换的方式是在EMCS系统无法自动调节工况，IBP工况切换也失效的情况下，控制人员根据工况调节表在环控电控室内自行切换工况。环控电控室的抽屉控制柜如图2—9所示。

图2—9　抽屉控制柜

就地现场工况切换的方法是在EMCS系统无法自动调节工况，IBP工况切换也失效，环控电控室控制同时失效的情况下，操作人员在现场按照工况调节表逐个开启设备。控制步骤为先将控制柜转换开关调至就地，然后按下启动按钮。现场控制柜如图2—10所示。

图2—10　现场控制柜

理论知识复习题

一、单项选择题（选择一个正确的答案，将相应的字母填入题内的括号中）

1. FAS 系统的中央级通常设有（　　）图形命令中心（GCC），以确保对全线火灾情况的监控。

A. 一台　　B. 两台　　C. 三台　　D. 四台

2. FAS 的时钟同步信号来自（　　）。

A. 通信系统　　B. 信号系统　　C. 环控系统　　D. 以上都不是

3. 火灾监控设备、消防通话设备和消防广播设备属于 FAS 车站级的（　　）。

A. 状态监视设备　　B. 控制设备　　C. 接口设备　　D. 外围设备

4. 下列选项中，不属于 FAS 控制设备控制的消防联动的设备是（　　）。

A. 消防泵　　B. 喷淋泵　　C. 防火阀　　D. 智能温感

5. 气体灭火系统的电磁阀通常安装在（　　），受气体灭火报警控制盘控制，是用于电磁启动的装置。

A. 瓶头阀顶部　　B. 瓶头阀底部　　C. 选择阀顶部　　D. 选择阀底部

6. 气体灭火系统的报警系统由（　　）组成，用于实现系统的探测报警、自动喷气、手动喷气、止喷、手/自动切换等功能。

A. 控制盘　　B. 外围设备

C. 控制盘和外围设备　　D. 控制盘、外围设备和各功能模块

7. 为保证气体灭火系统的可靠性，可通过（　　）的方式进行灭火气体的喷放操作。

A. 自动喷气　　B. 手动喷气

C. 自动喷气和手动喷气　　D. 自动喷气、手动喷气和应急喷气

8. 每天必须对消防系统（　　）次巡检。

A. 1～2　　B. 2～3　　C. 3～4　　D. 4 次或以上

9. 可编程控制器采用可编程序的存储器，用来在其内部存储执行（　　）、计数和算术运算等操作的指令，并通过数字式和模拟式的输入和输出，控制各种类型的机械或生产过程。

A. 逻辑运算　　B. 顺序控制　　C. 定时　　D. 以上答案都不对

10. 可编程控制器主要由（　　）、输入输出单元（I/O）、电源和编程器等几部分

组成。

A. CPU　　B. RAM　　C. ROM　　D. 以上答案都对

11. (　　) 的作用是将用户程序送入PLC的存储器，检查、修改程序和监视PLC的工作状态。

A. CPU　　B. 存储器　　C. I/O　　D. 编程器

12. BAS中央级一般配置两台或两台以上操作工作站，通过 (　　) 使工作站处于热备状态。

A. 并列运行　　B. 冗余技术

C. 并列运行和冗余技术　　D. 以上答案都不对

13. BAS车站级设有相应的接口设备接收 (　　) FAS系统发送的车站火警信息，并根据火警信息的内容选择并发布相应的火灾通风模式。

A. 本站　　B. 相邻车站　　C. 区间　　D. 全线

14. BAS的现场级控制器一般设置在环控电控室内和被监控设备的附近，可采用 (　　) 的方式提高BAS的稳定性。

A. 冷备份　　B. 热备份　　C. 备份　　D. 分散控制

15. BAS主要监控 (　　) 中的空调机组、隧道风机、送/排风机、调节风阀、联动风阀和防火阀。

A. 空调系统　　B. 通风系统　　C. 空调通风系统　　D. 冷水系统

16. BAS对送/排风机的监控内容中包括对新风和排风 (　　) 的测量。

A. 温度　　B. 湿度　　C. 温度和湿度　　D. 温度、湿度和含烷值

17. BAS主要监控 (　　) 中的冷水机组、冷冻水系统和冷却水系统。

A. 冷水系统　　B. 空调系统　　C. 通风系统　　D. 给排水系统

18. BAS与FAS之间通过硬线接口进行数据交换，其内容包括 (　　)。

A. 报警位置　　B. 报警位置和报警时间

C. 火警分区报警　　D. 火警分区报警和恢复

19. (　　) 负责分配并维护使用部门用户权限，保障系统安全。

A. 设备调度人员　　B. 车站站务人员

C. 维修班组　　D. 设备调度人员和维修班组

二、判断题（将判断结果填入括号中，正确的填“√”，错误的填“×”）

1. FAS系统中央级是由服务器、图形命令中心（GCC）、打印机等组成的，用于

监视全线的火灾情况。（　　）

2．FAS通过通信接口与主时钟连接，接收由通信系统提供的时钟同步信号，实现全线各车站的时间同步。（　　）

3．车站级FAS的外围设备由各类火灾探测设备和功能模块组成，提供各种火灾检测手段和消防设备的监控。（　　）

4．FAS的状态监视设备用来监测消防相关设备的状态，其主要设备是监视模块。（　　）

5．气体灭火系统的电磁阀通常安装在瓶头阀顶部，受气体灭火报警控制盘控制，是用于电磁启动的装置。（　　）

6．气体灭火系统的报警系统由控制盘和外围设备组成，控制盘与外围设备一起实现系统的探测报警、自动喷气、手动喷气、止喷、手/自动切换等功能。（　　）

7．气体灭火系统的手动喷放操作必须在手动模式下操作才有效。（　　）

8．每天必须对消防系统1～2次巡检。（　　）

9．PLC是Programmable Logic Controller的缩写，即可编程逻辑控制器。（　　）

10．可编程控制器主要由存储器（RAM、ROM）、输入输出单元（I/O）、电源和编程器这四部分组成。（　　）

11．编程器的作用是将用户程序送入PLC的存储器，检查、修改程序和监视PLC的工作状态。（　　）

12．BAS中央级由1台工作站、1台服务器和1个模拟屏盘（IBP）等设备组成。（　　）

13．BAS车站级设有相应的接口设备接收车站级FAS发送的车站火警信息，并根据火警信息的内容选择并发布车站的火灾通风模式。（　　）

14．BAS现场级由现场控制器、现场检测仪表、现场执行机构等设备组成。（　　）

15．BAS主要监控空调通风系统中的空调机组、隧道风机、送/排风机、调节风阀、联动风阀和防火阀。（　　）

16．BAS对送/排风机的监控内容中包括对回风温度和湿度的测量。（　　）

17．BAS主要监控冷水系统中的冷冻水系统和冷却水系统。（　　）

18．BAS在功能上需要同FAS、冷水机组、信号ATS、通信时钟、屏蔽门等进行数据交换。（　　）

19．维修班组全面负责BAS的故障处理和维修，确保BAS的正常使用。（　　）

理论知识复习题参考答案

一、单项选择题

1. B　2. A　3. D　4. D　5. A　6. C　7. D　8. A
9. D　10. D　11. D　12. C　13. A　14. D　15. C　16. C
17. A　18. D　19. C

二、判断题

1. √　2. √　3. √　4. ×　5. √　6. √　7. ×　8. √
9. √　10. ×　11. √　12. ×　13. √　14. √　15. √　16. ×
17. ×　18. √　19. √

第3章

环控系统

学习完本章的内容后，您能够：

- ✔ 了解交流变频系统的基本概念
- ✔ 了解低压配电系统及照明系统的运行管理内容
- ✔ 了解低压配电设备的安装与调试
- ✔ 了解 PLC 的检查与维护

3.1 基础知识

环控系统涉及到热力学、传热学、流体力学、制冷原理等方面的知识，在介绍环控设备及系统之前，必须对以上知识有一个初步的了解，掌握其中最基本的原理及知识。学好这些基本原理及知识，对学习地铁环控系统是重要的。

3.1.1 空气调节基础知识

1. 空气调节

空气调节简称空调，它是通过对空气的处理使某区域范围内空气的温度、相对湿度、气流速度和洁净度达到一定要求的工程技术。空气的温度、相对湿度、气流速度和洁净度简称“四度”。所谓达到一定的要求就是指空气的参数必须稳定在一定的基数上，并且不超过允许的波动范围，常用空调基数和空调精度来表示。

2. 空气的组成

自然界中的空气是由数量基本稳定的干空气和数量经常变化的水蒸气组成的混合物，这种混合物称为湿空气。凡是含有水蒸气的空气均称为湿空气，即人们常说的空气。

3. 空气的物理性质

(1) 温度。温度是描述空气冷热程度的物理量，主要有三种标定方法：摄氏温标、华氏温标和绝对温标（又称热力学温标或开氏温标）。

（2）压力。空气的压力就是当地的大气压，用符号 P 表示。常用单位有国际单位帕（Pa）、工程单位 kgf/cm^2、液柱高单位毫米汞柱高和毫米水柱高。

在空调系统中，空气的压力是用仪表测量出来的，但仪表显示的压力不是空气的绝对值，而是“表压”，即空气的绝对压力与当地大气压力的差值。只有空气的绝对压力才是其基本状态参数。一般情况下，凡未指明的工作压力均应理解为绝对压力。

（3）湿度。空气湿度是指空气中含水蒸气量的多少，有以下几种表示方法：

1）绝对湿度。它是指每立方米空气中含有水蒸气的质量，用符号 γ_Z 表示，单位为 kg/m^3。如果在某一温度下，空气中水蒸气的含量达到了最大值，此时的绝对湿度称为饱和空气的绝对湿度，用 γ_B 表示。

2）相对湿度。为了能准确说明空气的干湿程度，在空调中采用了相对湿度这个参数，它是空气的绝对湿度 γ_Z 与同温度下饱和空气的绝对湿度 γ_B 的比值，用符号 φ 表示。相对湿度一般用百分比来表示。

3）含湿量（又称比湿量）。它是指 1 kg 干空气所容纳的水蒸气的质量，用符号 d 表示，单位是 g/kg（干空气）。

在空气调节中，含湿量 d 是用来反映对空气进行加湿或去湿处理过程中水蒸气量的增减情况的。空调工程计算中，常用含湿量的变化来表达加湿和去湿程度。

（4）比焓。空气的焓值是指空气中含有的总热量，通常以干空气的单位质量为基准，称作比焓，工程上简称焓。空气的比焓是指 1 kg 干空气的焓和与它相对应的水蒸气的焓的总和，用符号 h 表示，单位是 kJ/kg。

在空调工程中，常根据空气处理过程中焓值的变化来判断空气是吸热还是放热。空气中焓值增加表示空气吸收热量；空气中焓值减少，表示空气放出热量。利用这一原理，根据焓值的变化来计算空气在处理前后得到或失去热量的多少。

（5）密度和比容。空气的密度是指每立方米空气中干空气的质量与水蒸气的质量之和，用 ρ 表示，单位为 kg/m^3。

空气的比容是指单位质量的空气所占有的容积，用符号 U 表示，单位为 m^3/kg。因此，空气的密度与比容互为倒数关系。

4. 相关概念

（1）露点温度。利用饱和空气的含湿量与温度有关这一原理，我们可以通过降低温度的方法，使不饱和空气达到饱和，再由饱和到空气凝结出水珠（即结露）。在结露之前，空气的含水总量不变。我们把一定压力下，湿空气在水蒸气含量 d 不变的情况下，冷却到相对湿度 $\varphi=100\%$ 时所对应的温度，称为露点温度，并用符号 t_L 表示。

（2）机器露点温度。空调系统的“机器露点温度”与空气的露点温度是有区别的，它是指经过人为的对空气加湿或减湿冷却后所达到的近于饱和的空气状态。表面式冷却器外表面的平均温度称为“机器露点温度”；经过喷水处理的空气比较接近于 $\varphi=100\%$ 状态，习惯上将其状态称为“机器露点”。

（3）干、湿球温度。空气的相对湿度通常用干湿球温度计测量。

干湿球温度计的结构如图 3—1 所示，它是由两个相同的温度计组成的。使用时放在通风处，其中一个放在空气中直接测量出来的温度称为干球温度，用符号 t_g 表示；另一个温度计的感温部分用纱布包裹起来，纱布下端放在盛满水的水槽里，测量出来的温度称为湿球温度，用符号 t_{sh} 表示。

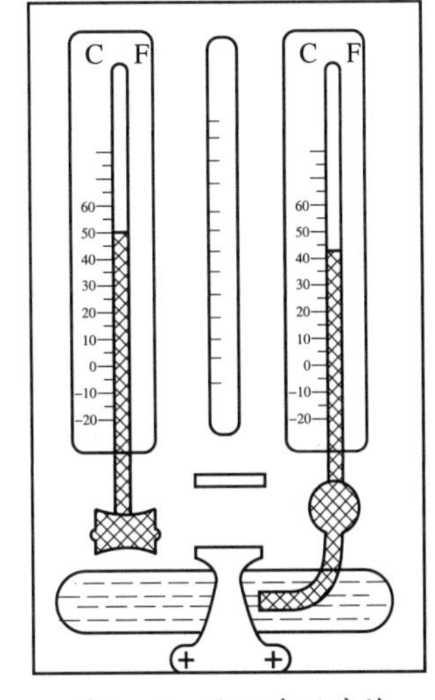

图 3—1　干湿球温度计

3.1.2　中央空调基础知识

1. 空气调节系统的分类

空气调节系统主要由以下几部分组成：冷热源部分、空气处理部分、空气输送及分配部分、冷热媒输送和自动控制部分。在工程中，由于空调场所的用途、性质、热湿负荷等方面的要求不同，空调系统有许多分类方式。

（1）按空气处理设备的设置情况分类：集中式系统、半集中式系统、集中冷却的分散型机组系统、全分散式系统。

（2）按承担室内负荷所用的介质分类：全空气式系统、全水系统、空气—水式系统、制冷剂式系统。

（3）按风管中空气流动速度分类：低速空调系统、高速空调系统。

（4）按处理空气的来源分类：封闭式系统、全新式系统、混合式系统。

2. 集中式空调系统

集中式空调系统是典型的全空气系统，是工程中最常用的系统之一。它广泛应用于舒适性或工艺性的各类空调工程中，例如，会堂、宾馆、商场、地铁以及对空气环境有特殊要求（恒温、恒湿、洁净）的工业厂房等。

集中式空调系统由空气处理设备、空气输送设备、空气分配装置组成。

3.2 环控系统概述

3.2.1 环控系统的历史发展

20世纪30年代末以前，多数地铁都不考虑环控问题，而利用列车运行产生的“活塞风”进行自然通风，在实际运行中出现了环境舒适性不能满足的问题。如1863年1月10日，世界上第一条地铁“大都会”号在伦敦开通后，由于是蒸汽机车驱动，冒烟的发动机在地下运行时造成环境很不舒适。为了改变“大都会”号的这一现象，伦敦地铁引入电力机车，但又遇到新的问题，电力机车的功率很大，放出的热量也更多，随着散热量的增加和客运量的增大，使地铁内形成了一种难以忍受的窒息状态。1901年纽约地铁开始修建，设计人员认为人行道上的通风口能为地铁系统提供足够的新鲜空气，对于隧道和车站的强迫通风没有特别的考虑。1905年10月，纽约第一条地铁开通运行，次年夏天由于地面通气口不足而引起地铁内温度过高，问题变得严重起来。为了增加通气量，车站的房顶上设置了更多的通气口，车站之间修建了风机管和通风管。

3.2.2 环控系统的主要作用

地铁环控系统是地铁工程中的一个重要组成部分，其主要作用是对地铁的环境空气进行处理，在正常运行期间为乘客提供一个舒适良好的乘车环境，并为工作人员提供必要的安全、卫生、舒适的环境条件，同时为车站各种设备和管理用房提供满足工艺和功能要求的环境条件，为列车及设备的运行提供良好的工作条件。当地铁内发生火灾、毒气事故时，环控系统能提供新鲜空气、及时排除有害气体、为人员撤离事故现场创造条件。显然，环控系统的重要性是不言而喻的。

3.2.3 环控系统的分类

根据地铁工程的特点，环控系统按车站建筑形式分为地面高架车站、地面车站和地下车站三种型式，按环境控制对象可分为地面车站（含地面高架车站）、地下车站、地下区间隧道、主变电站、牵引变电站等形式。其中，地下车站环控系统又分为屏蔽门系统和非屏蔽门系统。非屏蔽门系统按地铁系统与地面通风风道的连接方式，又分为闭式系统和开式系统。

1．屏蔽门系统

屏蔽门系统是在站台与区间隧道之间设置完全隔断、可以移动的屏蔽门，列车停站时屏蔽门与列车门一一对应打开，列车出站时屏蔽门关闭。这一物理屏障将巨大的列车产热拒之于车站之外，站内采用空调制冷系统，保证站内温度符合标准，而区间隧道则利用列车运行产生的活塞风，通过风井与室外进行通风换气，满足区间通风要求。采用这种环控方式的有上海地铁1号、8号、9号、10号线工程，以及深圳地铁一期工程等。

2．非屏蔽门系统

非屏蔽门系统是指在物理结构上地铁车站与区间隧道相连通的系统。非屏蔽门系统主要指闭式系统。所谓闭式系统，是指夏季空调季节时，整个地下区间及车站除两端隧道峒口、车站出入口和空调小新风外，地下车站及区间基本与外界相隔绝的一种空调通风方式。闭式系统可根据全年气温变化，转为开式运行（开式系统）。目前，我国采用闭式系统的地铁主要有上海地铁2号线、广州地铁1号线等。

3.2.4　环控系统的组成

地铁环控系统主要由隧道通风系统（包括区间隧道活塞通风及机械通风系统，兼排烟；车站区间排热系统，屏蔽门方式）、车站空调通风系统、空调制冷循环水系统、隧道洞口空气幕系统、折返线通风系统等组成。其中，车站的站厅、站台公共区空调通风系统，简称为车站空调通风大系统；车站设备及管理用房空调通风系统（兼排烟）以及主变电站、牵引变电站通风与空调系统简称为车站空调通风小系统。需要说明的是，地面车站、高架地面车站公共区域由于散热散湿条件好，因此无空调通风大系统，只具有小系统。

1．屏蔽门式环控系统的组成

典型屏蔽门式环控系统由车站空调通风系统和隧道通风系统两部分组成，见表3—1。

表3—1　　典型屏蔽门式环控系统

通风系统	分类
车站空调通风系统	车站公共区空调通风系统（兼排烟） 车站设备及管理用房空调通风系统（兼排烟） 空调循环水系统

续表

通风系统	分类
区间隧道通风系统	区间隧道活塞风系统 区间隧道机械通风系统（隧道风机和射流风机系统） 车站区间排热系统（UPE/OTE 系统）

（1）车站空调通风系统

1）车站公共区空调通风系统（兼排烟）。通常采用集中式全空气系统，主要由组合式空调箱、回排风机（兼站厅、站台排烟）、全新风机、空调新风机、调节阀、防火阀等组成。

2）车站设备及管理用房空调通风系统（兼排烟）。车站设备及管理用房空调通风系统通常采用局部集中式全空气系统（变风量系统）、局部空气—水系统（风机盘管系统）、局部空气冷却系统（VRV 系统和小型空调机）等多种系统。其中，局部集中式全空气系统主要由热泵/单冷机组、变风量空调箱、新风机、排风机（兼排烟）、调节阀、防火阀等组成。局部空气—水系统（风机盘管系统）主要由热泵/单冷机组、风机盘管、排风机（兼排烟）、送风机等组成。局部空气冷却系统主要由 VRV 室内和室外机、送风机、排风机（兼排烟）或分体式小空调机组成（注：由于存在安全隐患，分体式小空调机目前在地下车站已很少采用）。

3）空调循环水系统。空调循环水系统通常在采用空气—水系统的车站空调通风大系统和小系统中运用。车站空调通风大系统中空调循环水系统主要由冷水机组、冷冻/冷却水泵、冷却塔、分水器、集水器、管道和阀件等组成。目前也有用大系统空调循环水带小系统的设计。小系统空调循环水系统主要由风冷热泵/单冷机组、冷冻水泵、管道和阀件等组成。

（2）区间隧道通风系统

1）区间隧道活塞风系统。在车站两端为每一区间隧道设有活塞/机械通风系统，包括活塞风井、活塞风阀、活塞/机械风阀等。目前最常用的活塞风道净面积为 16 m^2，其通风原理是利用列车在区间隧道运行时对隧道内空气的前压后吸活塞效应来进行通风换气，区间隧道的降温和区间列车新风依靠活塞风井进行换气。

2）区间隧道机械通风系统。在某些情况下需要对区间隧道进行强制通风时，必须采用区间隧道机械通风系统。通常在车站两端活塞风道（或中间风井）内设置隧道风机，以便区间冷却、事故和火灾通风时运行。地下线路内若设置渡线、存车线、联络线等配线，正线气流较难组织，通常还需设置辅助通风设备，如射流风机、喷嘴等。

（3）车站区间排热系统（UPE/OTE 系统）。为了将列车产热及时排至地面，在车站区间设置排热系统，由排热风机、车轨上部排热风道和站台下部排热风道组成。车轨上部排热风道上设置成组风口，正对列车空调冷凝器；站台下部排热风道上设置成组风口，正对列车刹车制动装置，将列车停站时散发的热量直接排至地面。

2．闭式环控系统的组成

典型闭式环控系统由车站空调通风系统和隧道通风系统两部分组成，见表3—2。

表3—2　典型闭式环控系统

通风系统	分类
车站空调通风系统	车站设备及管理用房空调通风系统（兼排烟） 车站公共区空调通风系统（兼排烟） 空调循环水系统
隧道通风系统	区间隧道活塞风系统（含迂回风道） 区间隧道机械通风系统

（1）车站空调通风系统

1）车站公共区制冷空调通风系统（兼排烟）。其通常采用集中式全空气系统，主要设备同屏蔽门式系统，区别在于站台、站厅的气流组织不一样。一般采用车站站厅上部均匀送风、站台上部均匀送风，统一由站台设于轨道顶部风管和设于站台板下风管排风，故无屏蔽门式的排热风机。此外，在站端列车进站侧设置集中送冷风口，列车进站时伴随着大量的高温区间活塞风，在活塞风冲入站台候车区域之前就和集中送冷风相混合，缓减活塞风对站台的瞬时热冲击。

2）车站设备及管理用房空调通风系统。其型式与设备同屏蔽门式系统。

3）空调循环水系统。其型式与设备同屏蔽门式系统。

（2）区间隧道通风系统。活塞通风系统由设于车站两端的活塞通风井以及设于站端的迂回风道组成。常用活塞通风井的净面积约为16 m^2，迂回风道的净面积约为30 m^2。

车站两端活塞风道（或中间风井）内通常设置隧道风机，以便区间通风、事故和火灾时运行。由于闭式系统车站和区间相连通，当区间发生事故时，较难在区间形成有效气流，需要较多的风机联合运作，必要时需设置辅助通风设备，如推力风机等。

此外，地下线路内若设置渡线、存车线、联络线等配线，正线气流较难组织，通常还需设置辅助通风设备，如射流风机、喷嘴等。

闭式系统夏季采用空调，依靠列车行驶产生的活塞风将车站冷风带入区间，因而希望地铁系统同外界热空气的交换愈少愈好。区间峒口空气幕系统就是阻隔峒内外气流交换的设备，一般由地下车站和区间尽可能开启所有与外界的通风口，充分利用列风机、消声器和喷嘴共同组成。采用该系统之后，距峒口最近的车站空调负荷可降低，站内环境比较容易控制。

3．开式环控系统的组成

利用列车行驶的活塞作用与外界通风换气以控制内部热环境，排除余热余湿，这种环控方式一般为开式系统，可根据需要选择开式或者闭式运行。

需要说明的是，由于地铁公共区域空调通风系统的设计基本上以车站中轴线为对称分界点对称设计布局，因此，地铁公共区域空调通风系统设备，不论是南北或东西，基本上也是对称设计布局。

3.3　环控系统的主要设备

3.3.1　冷水机组

冷水机组是环控系统中的主要设备，为地铁车站中央空调提供冷源。上海地铁按压缩机的压缩型式目前共有三种类型的冷水机组：活塞式冷水机组、离心式冷水机组和螺杆式冷水机组。以下为部分冷水机组性能的简要介绍。

1．19XL 离心式冷水机组

19XL 冷水机组采用一台离心式压缩机，冷凝器和蒸发器分别安装在两个筒体内，相互间分开。冷凝器内采用高效双螺纹铜管，既增强了传热效果，又便于清洗管内的水垢。用扇门控制制冷剂吸气流量。冷水机组具有完善的保护装置，有轴承温度保护、电机过热保护、高压保护、低压保护、油压保护、电压保护等。机组由电脑控制，操作十分方便，如在运行中出现不正常情况或故障，电脑将显示这些状态，以便于判断和维修。压缩机配用功率 153 kW，制冷量为 60 万大卡，冷却水循环量为 200 m^3/h，冷冻水循环量也为 200 m^3/h，制冷剂采用氟利昂 22（R22）。19XL 冷水机组的外形如图 3—2 所示。

图 3—2　19XL 冷水机组外形

2. WCFX 螺杆式冷水机组

WCFX 螺杆式冷水机组采用多台全封闭螺杆压缩机，机组由双制冷回路组成，即使一个回路发生故障，另一个回路仍可运行。机组采用 PLC 控制系统，图形化界面显示直观、操作简便。冷凝器和蒸发器采用高效内外强化传热管，既增强了传热效果，又便于清洗管内的水垢。机组具有完善的保护装置，有电机过热保护、高压保护、低压保护、油压保护、油位过低保护、电流过大保护等。该机型属于第二代螺杆式冷水机组，压缩机配用功率 138 kW，制冷量为 64.4 万大卡，冷却水循环量为 141 m^3/h，冷冻水循环量为 129 m^3/h，制冷剂采用 R22。图 3—3 为 WCFX 螺杆式冷水机组的外形。

图 3—3　WCFX 螺杆式冷水机组外形

3. 30XHXC 螺杆式冷水机组

30XHXC 螺杆式冷水机组采用多台半封闭螺杆压缩机，机组由双制冷回路组成，即使一个回路发生故障，另一个回路仍可运行。机组采用 PRO－DIALOG 智能控制系统，图形化界面显示直观、操作简便。冷凝器和蒸发器采用高效内外强化传热管，既增强了传热效果，又便于清洗管内的水垢。机组具有完善的保护装置，有轴承温度保护、电机过热保护、高压保护、低压保护、油压保护、电压保护等。机组不仅有完善的自动保护功能，而且有较强的自诊断功能，并具有组网群控功能。该机型属于第三代螺杆式冷水机组。压缩机配用功率 182 kW，制冷量为 70 万大卡，冷却水循环量为 180 m^3/h，冷冻水循环量为 150 m^3/h，制冷剂采用 R134a。图 3—4 为 30XHXC 螺杆式冷水机组的外形。

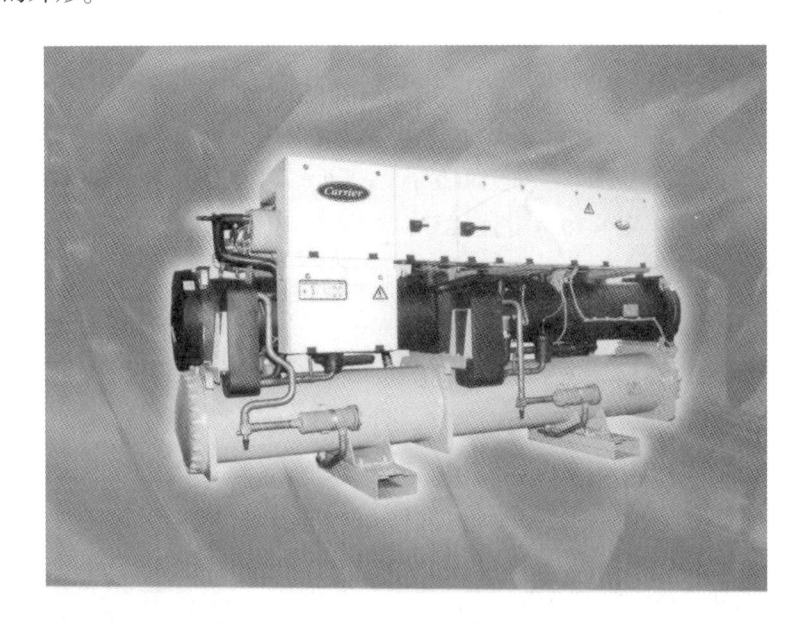

图 3—4　30XHXC 螺杆式冷水机组外形

3.3.2　空调机组

空调机组是地铁环控系统中的空气集中处理设备，可完成对空气的多种处理，包括过滤、冷却、加热、去湿、消声、新风和回风混合等。地铁地下车站夏季空调工况时，通常由冷水机组提供 7～12℃的冷冻水送至空调机组的表冷器，经与空气进行热交换后，再回到冷水机组，被冷水机组冷却后，再送回空调机组的表冷器，完成一个冷冻水的冷却循环。经过空调机组表冷器冷却后的空气由空调机组内的离心式风机送至站厅和站台。

空调机组是箱式模块化结构，由各功能段模块组装而成，在各功能段上还设有通道门，便于维修及运行操作人员进入，以进行检查和修理。上海地铁1号线空调机组主要有以下功能段：

1. 进风段

空调机组有两个进风段，一个进风段在空调季节投入运行，另一个进风段在通风季节投入运行。空调进风段上有两个进风口，分别与空调新风口及回风口相连接，在风口上安装有防火阀和电动调节阀。防火阀在正常运行时常开，一旦发生火灾，由4120防火报警系统传输信号而关闭，也可由操作人员手动关闭。电动调节阀的作用是进行风量调节。在通风季节，关闭空调新风口电动调节阀和回风口电动调节阀。在空调季节，关闭全新风电动调节阀，打开空调新风口电动调节阀和按一定比例开度的回风口电动调节阀。空调进风段位于空调机组表冷段的前面，通风进风段位于空调机组表冷段的后面。在通风进风段上有全新风口，风口上装有电动调节阀，此阀在通风季节时开启，在空调季节关闭。

2. 过滤段

空调机组有两个过滤段：一个过滤段在空调季节投入运行时，对空调新风及回风的混和风进行除尘过滤；另一个过滤段在通风季节投入运行时，对全新风进行除尘过滤。

3. 表冷段

空调机组的表冷段内安装有表冷器，在表冷器的底部有冷凝积水盘，积水盘与存水弯相连接，便于冷凝水排出机组。表冷器的进出水管分别与冷冻水的进出水管相连接。在表冷器的后面还装有挡水板，以防止冷凝水流入机组的其他段内。在空调季节，表冷段投入运行，应打开进出水管上的阀门，以保证冷冻循环水的畅通。

4. 风机段

空调机组的风机段内安装有一台离心式风机，其作用是将经过表冷器冷却后的空气或全新风送至站厅、站台。离心式风机通过传动皮带由电动机带动，离心式风机支承在机架的带座轴承上。

5. 消声段

空调机组的消声段内安装有片式消声器，其作用是降低送风噪音。

6. 送风段

空调机组的送风段是将经表冷器冷却的新风送至站厅、站台。送风段与送风管相连接。在送风段的送风口上装有电动风阀，以平衡、调节站厅、站台的送风量。

3.3.3 风机

地铁环控系统中，通常使用两类风机：轴流风机、离心风机。轴流风机的特点是风压较低，风量较大，噪声相对较大。离心风机的特点是风压高，风量可调，噪声相对较低。在地铁环控系统中，按风机的用途和作用可分为地铁区间隧道用的事故冷却风机；通风季节用的全新风机；空调季节用的空调新风机、回排风机；空调及通风季节用的排热风机；设备用房送风机、排风机；管理用房送风机、排风机；主变电站、牵引变电站、降压变电站用的送风机、排风机等风机，排风机一般兼作排烟、排毒风机。此外，地铁车站在重要场所还设有排烟、排毒风机。

1. 轴流风机和离心风机

按照我国风机的分类，风压在 4 900 Pa 以下，气体沿轴向流动的通风机，称为轴流风机。其工作过程是：气体从集风器进入，通过叶轮使气流获得能量，然后流入导风叶，导风叶将一部分偏转的气流动能变成静压能。最后，气流通过扩散筒将一部分轴向气流动能变为静压能，然后从扩散筒流出，输入管道。轴流风机的叶轮直径为 0.1 ~20 m。风机的布置形式有立式、卧式和倾斜式三种。

离心风机中气体先沿轴向流动，后转变为垂直于风机轴的径向运动。叶轮安装在蜗壳内，当叶轮旋转时，气体经吸气口轴向吸入，然后气体约折转 90°流经叶轮叶片构成的流道间，而蜗壳将叶轮甩出的气体集中、导流，从风机出气口或出口扩压器排出。当气体通过旋转叶轮的叶道间，由于叶片的作用，气体获得能量，即气体压力提高、动能增加。当气体获得的能量足以克服其阻力时，则可将气体输送到高处或远处。离心风机的叶轮和机壳大都采用铜板焊接或铆接结构，转速较低，一般在 3 000 r/min 以下。

2. 事故冷却风机

在地铁车站的两端，通常设有四台事故冷却风机，负责地铁区间隧道的通风。事故冷却风机是轴流风机，有立式和卧式两种，大部分车站采用卧式，只有机房尺寸受到限制时，才采用立式。地铁列车在区间隧道阻塞、地铁列车在区间隧道内发生火灾、地铁隧道温度超过 35℃，当这三种情况发生时，事故冷却风机才投入运行。

3. 排热风机

排热风机设在车站两端，其作用是排走地铁列车在停站区间散发的热量。以上海地铁 1 号线为例，排热风机采用两种型号：一种是 140 GN +4 EM，风机电动机功率为

55 kW，额定电流102 A，风量为40 m^3/s，全压1 000 Pa，转速1 450r/min，叶轮直径1.4 m，单向运转，采用这种风机时，通常在车站两端各设一台风机；另一种是100IN +4EM，风机电动机功率为30 kW，额定电流58 A，叶轮直径1.0 m，单向运转，采用这种风机时，通常在车站两端的上下行各设一台风机。排热风机是轴流风机，它分别与上排热风管及下排热风道相连接。上、下排热风管和风道上分别装有防火阀，在发生火灾时，可以进行运行调节。根据车站规模大小和环境控制要求可配置不同风量的风机。此外，根据火灾工况的要求，有些排热风机也参与排烟。

4. 回排风机

回排风机是地铁车站中央空调的通风兼排烟设备，其作用是在空调季节，从站厅、站台排走空气，一部分送回空调机组，与空调新风混合后，经表冷器冷却后被重新送到站厅、站台；另一部分被排至地面。在通风季节的作用是从站厅、站台排走空气，直接排放到地面。

回排风机通常采用轴流风机。以上海地铁1号线为例，采用的风机型号为100 IN + 4 EM，其主要参数为：电动机功率30 kW或22 kW，额定电流58 A或43 A，风量为20 m^3/s，全压1 000 Pa或800 Pa，转速为1 455 r/min，叶轮直接1.0 m，单向运转。目前上海地铁2号线选用了电动机功率为75 kW的回排风机。根据车站规模大小和环境控制要求可配置不同风量的风机。

5. 全新风机

全新风机是地铁车站在通风季节的通风设备，其作用是将地面的新风输送到空调机组，通过空调机组再送至站厅、站台。全新风机通常采用轴流风机，以上海地铁1号线为例，其风机主要参数为：电动机功率15 kW，额定电流31.5 A，风量16.67 m^3/s，全压700 Pa，转速960 r/min。根据车站规模大小和环境控制要求可配置不同风量的风机。

6. 空调新风机

空调新风机是地铁车站中央空调的通风设备，其作用是在空调季节向站厅、站台补充新鲜空气。空调新风机向空调机组输送新风，与回风混合后经表冷器冷却，再由空调机组送至站厅、站台。

以上海地铁1号线为例，空调新风机采用轴流风机，其主要参数为：电动机功率3 kW，风量5 m^3/s，全压500 Pa，转速为1 450 r/min。根据车站规模大小和环境控制要求可配置不同风量的风机。

7. 设备、管理用房送、排风机（兼排烟）

设备管理用房送、排风机通常采用轴流风机，风量依据使用房间大小或负责房间的数量而选定。其作用是向这些用房输送新鲜空气，排走用房的空气，使这些用房内的空气与地面空气进行交换，同时也排走了这些用房所产生的热量，起到降温的目的。对有温度要求的设备、管理用房，通常采用 VRV 空调系统降温。根据车站规模大小和环境控制要求可配置不同风量的风机。

8. 主变电站、牵引变电站、降压变电站送排风机

上述变电站通常设在地下，由于变压器等发热的原因，要对这些变电站进行送风和排风，以降低其环境温度，保证设备的安全运行。变电站一般采用轴流风机，也有个别变电站采用离心式风机。按照变电站用房的大小，选用不同风量及风压的风机。由于变电站是地铁车站用房的重要场所，变压器的运行对环境温度有一定的要求，所以风机风量的选择要考虑一定的余量，同时变电站的排风机在火灾发生时，也兼作排烟排毒风机。根据车站规模大小和环境控制要求可配置不同风量的风机。

上述各类风机有三种控制方式，BAS 控制、环控电控室控制及就地控制。一般情况下，应在 BAS 上操作。

3.3.4 水泵

地铁中央空调水系统通常采用 IS 系列单级离心水泵，用作冷冻循环水和冷却循环水的动力。

1. 冷冻水泵

在中央空调水系统设备的运行中，冷冻循环水起着输送冷量的作用，即在冷水机组的蒸发器内，冷冻水放热给氟利昂，使氟利昂沸腾汽化，而其本身降低温度，在空调机组的表冷器内，冷冻水吸收空气的热量而使空气降温，冷冻水温度升高。为了使这些热交换不断地进行，冷冻水必须不断地循环。冷冻水泵就是为冷冻水循环提供动力的。地铁车站中央空调系统设置三台冷冻水泵时，一般为两台正常运行，一台备用。冷冻水泵的流量为 100 ~ 200 m^3/h，扬程为 30 ~ 50 m，电动机功率为 18.5 ~ 45 kW，额定电流为 35 ~ 85 A，转速一般为 1 450 r/min。

2. 冷却水泵

冷却水泵用作冷却循环水的动力，起着输送热量的作用。在冷水机组的冷凝器内，冷却水吸收氟利昂蒸汽的热量而使其冷却为液体，冷却水本身温度提高。通过冷却水泵，将冷却水输送到冷却塔，放出热量，再回到冷水机组的冷凝器内。由于冷却水泵的工作，冷却水不断地循环，将热量排放至地面大气中去。地铁车站一般设置2～3台IS系列离心水泵作为冷却水泵。设置两台时，通常冷却水泵的流量较大，一台水泵能供两台冷水机组工作。设置三台冷却水泵时，一般为两台正常使用，一台备用。冷却水泵的流量为100～200 m^3/h，扬程为30～50 m，电动机功率在45 kW以下，额定电流在85 A以下，转速一般为1 450 r/min。目前新建线路不再设备泵，多采用并联运行方式。

3.3.5 冷却塔

在制冷装置中，冷凝器冷却方式最为普遍的是水冷式，水冷式冷凝器必须使用一套冷却水系统，而冷却塔作为冷却水系统的降温设备，广泛地被应用在中央空调的水系统中。冷却水在冷水机组的冷凝器中吸热，温度升高，通过冷却水泵，送到冷却塔的布水器中。在布水器中，冷却水被喷淋，形成细小水滴，流经填料层时形成薄薄的水膜，最后流到塔底。水滴和水膜表面的饱和水蒸气分压力与空气中的水蒸气分压力差是热量传递的动力，热量传递的过程是部分液体水吸收汽化潜热蒸发成水蒸气，扩散到空气中去。热量传递的总效果是大部分水被冷却。冷却后的水被冷却水泵输送到冷水机组的冷凝器中开始新的循环。每循环一次要损失部分冷却水，主要原因是蒸发和漂损。蒸发和漂损量一般占冷却水循环量的1%～5%。

3.3.6 阀门

在地铁环控系统中，阀门被广泛地应用在工况调节、流量控制、防火排烟等系统中。阀门按大类可分为风阀及水阀。风阀被大量地应用到通风系统及中央空调系统中。水阀主要应用在冷却循环水和冷冻循环水中。

1. 风阀

通风、空调系统中的风阀主要用来调节风量，平衡各支管或送、回风口的风量及启动风机等。另外，在特别情况下关闭和开启，可以达到防火、排烟的作用。

常用的风阀有蝶阀、多叶调节阀、插板阀、三通调节阀、光圈式调节阀等。

2. 防火阀

防火阀系统是防火阀、防火调节阀、防烟防火阀、防火风口等的总称。其中，防火阀与防火调节阀的区别在于叶片的开度在0°～90°范围能否调节。常用的防火阀大致有以下几种：重力式防火阀、弹簧式防火阀、弹簧式防火调节阀、防烟防火调节阀、防火风口、气动式防火阀、电动防火阀、电子自控防烟防火阀。

3．排烟阀

排烟阀安装在排烟系统中，平时呈关闭状态，发生火灾时借助于感烟、感温器自动开启排烟阀门。它由阀体、装饰风口和执行机构及控制器组成。阀门动作是通过感烟、感温器联动信号控制中心来控制阀门执行机构的电磁铁或电动机工作，实现阀门在弹簧力或电动机转矩作用下开启。设有感温器的排烟阀，阀门开启后，感温器在火灾温度达到动作温度280℃时动作，阀门在弹簧力作用下关闭，阻止火灾沿排烟管道蔓延。常用的排烟阀产品包括排烟阀、排烟防火阀、远控排烟阀、远控排烟防火阀、板式排烟阀、多叶排烟阀、远控多叶排烟口、远控多叶防火排烟口、多叶防火排烟口及电动排烟防火阀等。

4．水阀

水阀被用在水系统中起调节水量的作用，有时为了维修设备或清洁管道而设置。在地铁环控系统中，冷冻水、冷却水系统用的截止阀、蝶阀主要起水量调节等作用。

3.3.7 风口

风口又叫空气分布器，用来向房间送入空气或排出空气，并调节送入或排出的空气量。在通风管道上设置有各种形式的送风口、回风口及排风口。风口的形式较多，根据使用对象可分为通风系统和空调系统风口。通风系统常用圆形风管插板式送风口、旋转吹风口、单面或双面送、吸风口、矩形空气分布器、塑料插板式侧面送风口等。在地铁环控系统中常用百叶送风口（单、双、三层等）、圆形或方形散流器、送吸式散流器、流线型散流器、送风孔板及网式回风口等。

3.3.8 消声器

1．消声器的类型

用于空调系统的消声器类型很多，根据消声原理的不同可分为阻性、抗性、共振型和复合型等类型。

2．其他类型的消声器

除了前面所讲的几种消声器之外，还可利用风管构件作为消声器，它具有节约空间的优点。常用的有消声弯头消声器和消声静压箱。

3.4 环控系统设备运行与管理

3.4.1 环控系统的运行方式

环控系统的运行方式通常分为正常状态运行和非正常状态运行。正常状态运行可分为空调季节和通风季节两种方式，其中空调季节又可根据新风、送风的干、湿球温度有多种运行方式。由于地面车站和地面高架车站只设有空调通风小系统，因此，下面讲述的公共区域和区间隧道环控系统的运行方式均指的是地下车站。设备和管理用房的环控系统运行方式，地面车站和地面高架车站基本相同，除特指外以后不再加以说明。

1. 公共区域环控系统正常状态的运行方式

(1) 通风季节运行工况

1) 通风季节运行工况启动条件。当外界空气温度低于空调箱送风温度，且站厅、站台温度低于设计值时，应采用通风工况。上海地区站厅、站台温度设计值分别为30℃、29℃。

2) 通风季节运行工况启用设备。各类设备运行要求应根据设计工况、地铁运行时间、当地气候情况等而定。通风工况启用设备见表3—3。

表3—3 通风工况启用设备

设备名称	时间		要求
	首班车	末班车	
空调箱	开	关	首班车到开，末班车走关
全新风机	开	关	同上
回排风机	开	关	同上
排热风机	开	关	视站内排风排热情况，灵活调整
全新风阀	开	—	—
回排风阀	开	—	—
排热风阀	开	—	—
排风阀	开/关	—	—
回风阀	关/开	—	—
空调箱进、出风阀	常开	—	—

（2）空调季节运行工况

1）空调季节运行工况运行条件。当外界空气温度高于或等于空调箱回风温度，且站厅、站台温度高于设计值时，应采用空调工况。上海地区站厅、站台温度设计值分别为30℃、29℃。

空调工况运行亦可根据季节和气候的变化以及各车站内的温度、客流、设备状况等，由主管部门统一下达采用空调工况和各车站工况转换时间，以达到既满足环境要求又节省能源。

2）空调季节运行工况启用设备。各类设备运行要求应根据设计工况、地铁运行时间、当地气候情况等而定。空调工况启用设备见表3—4。

表3—4　　空调工况启用设备

设备名称	时间		要求
	首班车	末班车	
冷水机组	—		按具体情况确定开、停时间
冷却水泵、冷冻水泵	—		同上
冷却塔	—		同上
空调箱	开	关	—
空调新风机	开	关	—
回排风机	开	关	—
空调箱进、出风阀	常开		—
回排风阀	开		—
空调新风阀	开		—
排风阀	开		30%≥开度≥10%
回风阀	开		70%≤开度≤90%

2. 设备和管理用房环控系统正常状态的运行方式

（1）通风季节运行工况。只有排风系统的设备管理用房全年按通风工况运行。共用独立的送排风系统的设备管理用房应按通风工况运行。通常上海地区当送风温度低于15℃，可只开排风机，关闭送风机；也可视设备用房的具体情况、当地气候条件等，在满足设备环境质量要求的前提下灵活调整。

采用VRV各类小空调进行空气调节的设备管理用房，当室内温度低于30℃时，应将VRV小空调机置于送风模式下运行。有特殊要求的设备和管理用房除外。

有独立送排风系统且有小空调、VRV 等进行空气调节或采用变风量空调箱进行集中送排风的设备和管理用房，通常上海地区当外界温度高于等于 15℃或低于 30℃时，应采用通风工况。当送风温度低于 15℃时，可只开排风机，关闭送风机；也可视设备和管理用房的具体情况、当地气候条件等，在满足设备和人员环境质量要求的前提下灵活调整。有特殊要求的设备和管理用房除外。

（2）空调季节运行工况。当室外温度高于或等于 30℃时，应采用空调工况。室内温度控制范围原则上设置在 27～28℃，特殊的设备用房根据要求可设置在 25～26℃。

特殊的设备和管理用房，可根据具体要求全年在空调工况下运行。设备和管理用房环控系统运行工况见表 3—5。

表 3—5　　设备和管理用房环控系统运行工况

工况	设备名称	时间		要求
		运行开始	运行结束	
通风工况	各类小空调机	—	—	1. 置于“通风”状态 2. 当回风温度低于 15℃时关机
	送风机	开	关	同上 2
	排风机	开	关	—
	变风量空调箱	开	关	—
	各类风阀	常开或比例开		—
空调工况	单冷空调机	—		按具体要求时间开、停 温度设定在 27～28℃或 25～27℃
	风冷单冷机组	—		同上
	热泵空调机	—		夏季同上，冬季 24℃ ±1℃
	风量热泵机组	—		同上
	送风机	开	关	—
	排风机	开	关	—
	变风量空调箱	开	关	—
	各类风阀	常开或比例开		—

3. 隧道环控系统正常状态的运行方式

（1）活塞风运行方式。区间隧道正常状态下的通风，是利用列车在区间隧道运行所产生的空气前压、后吸活塞效应原理，通过活塞风井吸入和排出空气进行通风，这称为活塞风运行方式。

（2）夜间隧道冷却方式。当区间隧道由于各种因素（通常是夏季高温情况）导致区间隧道环境温度过高（高于35℃时），需要在列车夜间停运后对区间隧道进行机械通风冷却。此时，根据调度指令按夜间隧道冷却方式运行环控设备。

4．环控系统非正常状态运行方式

环控系统设备非正常运行方式是指发生下列情况：列车在区间隧道阻塞；列车在区间隧道内发生火灾；车站站厅发生火灾；车站站台层发生火灾；设备和管理用房发生火灾。当上述情况发生时（通风季节、空调季节相同），环控系统设备要根据相应的情况改变运行方式，对系统作出相应的调整。事故排除后，再恢复正常状态运行方式。

（1）列车阻塞在区间隧道的环控系统运行方式。当列车因故阻塞在区间隧道内时，必须对隧道内送入新风，送排风原则是沿着列车运行方向进行送排风。车站事故风机操作应根据调度的指令，在明确了列车阻塞位置（上行线或下行线）后，打开阻塞区间前方车站的事故风机、后方车站的事故风机或推力风机以及相关风阀的开关。通过事故风机或推力风机给前方阻塞区间隧道送入新风，前方事故风机进行排风。车站内其他环控设备仍按通风季节或空调季节工况运行。故障排除后，根据调度的指令，恢复原状态运行。以上操作运行通常由调度在中央主机上进行操作，或根据调度指令在车站控制主机上操作，也可就地或环控电控室操作，其中就地操作具有最优先权。

（2）列车在区间隧道内发生火灾时的环控系统运行方式。当列车在区间隧道内发生火灾时，必须对隧道内进行送风和排烟，送排风原则是使疏散乘客迎送风方向。车站事故风机的操作必须根据总调度所环控调度的指令，在明确了列车所在位置（上行线或下行线，近哪个车站）及火灾在列车上的位置后，按照指令关闭相应的活塞风阀、迂回风阀及非火灾区间的机械/活塞风阀，打开机械风阀和隔离风阀，开启相应事故风机进行送、排风。以上操作运行通常由调度在中央主机上进行操作，或根据调度指令在车站控制主机上操作，也可环控电控室或就地操作，其中中央主机操作系统具有最优先权。哪个站进行送风或排风由调度员决定。车站的其他环控设备按相应要求运行。

（3）公共区域站厅、站台发生火灾时的环控系统运行方式。地铁车站站厅、站台由车站两端的通风（空调）系统进行送风和排风（排烟）。送排风（排烟）原则是使火灾区域的气流为负压。

1）站厅发生火灾。当站厅层发生火灾时，环控系统根据相应站厅火灾工况运行。通常开启站厅排风（排烟）防火阀和站台送风防火阀。关闭站厅层送风防火阀和站台层排风（排烟）防火阀。空调箱回风阀关闭或回风防火阀关闭，排风（排烟）阀打开。对站厅进行排烟。火灾扑灭后，再恢复原状态运行。以上操作空调工况和通风工况相同。

2）站台发生火灾。当站台发生火灾时，环控系统根据相应站台火灾工况运行。通常开启站台排风（排烟）防火阀和站厅送风防火阀，有排热风机的则可同时开启。关闭站厅层排风（排烟）防火阀，站台层送风防火阀，对站台进行排烟。火灾扑灭后，再恢复原状态运行。以上操作空调工况和通风工况相同。空调箱回风阀或回风防火阀关闭，排风（排烟）阀打开。

3）启用设备。公共区域站厅、站台发生火灾时，环控系统运行启用的设备有新风机、空调箱、回排风机、排热风机（屏蔽门系统站台发生火灾时）等。

4）关闭设备。公共区域站厅、站台发生火灾时，环控系统运行关闭的设备有冷水机组、VRV、冷冻水泵、冷却水泵、冷却塔等。

（4）设备和管理用房发生火灾

1）有气体和高压细水雾灭火系统用房。当火灾发生时，关闭该用房送风防火阀和排烟防火阀以及相应送风机、排风机和房门，喷洒灭火气体灭火（正常情况下气体灭火系统应自动执行，但当自动失灵时，应手动执行）。在确认火已经扑灭后，打开上述风阀。先开启排风机排除室内气体，再开启送风机。气体排除后，恢复原状态运行。

2）没有气体和高压细水雾灭火系统用房。当火灾发生时，该用房的排风机或排烟机应打开（该用房排风机需处于运行状态），当有集中排烟系统时，应关闭非火灾房的排烟防火阀，进行集中排烟。有送风机的用房应维持送风状态。当火灾排除后，恢复原状态运行。

3.4.2 环控系统的控制方式

环控系统的控制通常采用中央级、车站级和就地级三种方式，其中就地级具有最优控制权。

3.4.3 环控系统各类设备的操作与异常处理

1. 风机的操作

（1）操作前的检查

1）检查可见，风机叶轮与机壳应不发生碰撞，风机前后安装有安全网罩的，安全网罩应无损坏。

2）检查风机的地脚螺栓或固定螺栓应无松动，风机的吊架、托架、减震装置应无损坏和松动。

3）对风机前后可见风道进行检查，如有异物、堵塞，清除异物，排除堵塞，保证进、出风顺畅，进出口风源清洁。

4）对风机、风阀、风管等通风系统设备保养、维修时，保养维修完毕，必须检查异物有否落入，确保无异物。

5）检查电机保护装置是否正确设定在电机安全运行的电流值内，电机应按接线图正确连接。

6）对 15 kW 以上的风机应做好热敏、热继保护及主回路等方面的检查工作，并做好记录表格，确保开机。

7）对于首次操作或经修复后的风机必须做好外观与电路检查。在执行上述检查内容时，应一切正常，方可准许进入下一步操作，否则应停止风机的运行操作，通知调度，待排除故障或异物后，方可进入下一步操作。

8）完成上述检查，设备一切正常，调整好风阀状态和电气控制位置，确认正确后，先点动一下风机，在各部件和转向完全正常的情况下，方可投入运行。

9）风机的电器控制状态应放在“环控”位置。

（2）操作要求

1）对每日正常开停运行的风机，可直接按要求操作。

2）对于首次使用、经检修后修复、停用或定期使用的风机需经操作前检查，全部正常后方可按操作要求操作。

3）风机启动时，任何人不得靠近叶轮。

4）风机启动操作时，一般在监控工作站上进行，也可在环控电控室 MNS 柜上进行，但对功率 15 kW 以上且不带软启动装置、变频启动装置或没有远程电流监测的电机的风机，原则上要求在环控电控室操作，以监视风机启动电流及运行电流，保证风机的安全运行。

5）风机启动时，当启动电流在规定时间内没有回落到运行电流值或启动电流不正常及运行电流偏大时，应立即停机检查，发生热敏、热继保护等须详细记录在运行报表上，通知调度，排除故障后，方可恢复操作。

6）风机启动正常，三相运行电流应在电机额定电流值范围内。如果运行电流超过电机额定电流值，应立即停机，查找原因，通知调度，排除故障后，方可恢复操作。

7）风机连续运行时，应无异常声音，如有强烈的振动、异常声音时，应立即停机，通知调度，排除故障后，方可恢复操作。

8）电机热敏、热继整定不得随意改变，须经主管工程师认可方可操作，并做好记录（紧急情况除外）。

9）风机在启动过程中，如电机保护装置动作，应通知调度，排除故障后，方可恢复操作。故障未排除前，严禁对保护装置进行复位后再次启动。

10）对15 kW以上大功率电机的风机，每次启动的时间间隔应大于10 min。可逆风机正向停止转速达到规定后，方可逆向操作。

11）有电加热装置的风机，风机电源抽屉应常送电，以确保加热回路正常工作，确保随时投入运行（检修除外）。启动风机前，要关掉静止加热回路电源开关。在火灾工况或紧急情况下可不关电加热器。风机停运期间，应合上电加热开关，使电机处于加热状态，以防电机受潮。

12）事故冷却风机试验时，同一车站风机不得同时启动，风机应错开运行时间。

13）事故冷却风机在运行中，应连续不间断地监视运行电流，每隔半小时记录一次三相运行电流。在进行隧道冷却正常运行时，与其他风机应每隔两小时记录一次三相运行电流。

14）在正常情况下，按通风或空调季节操作各类风机。

15）在非正常状态下，按调度的指令操作事故风机，如设备用房、站厅和站台发生火灾，应按相应火灾工况操作相应的风机。

2. 风阀的操作

（1）操作前的检查

1）检查风阀操作机构是否灵活，配件是否齐全，有无松脱现象。

2）检查风阀上是否有异物，连杆系统各紧固处是否有松动现象。

3）风阀的电器控制状态应放在“环控”位置。

（2）操作要求

1）风阀应有专人操作，检修人员因调试或检修需要操作阀门时，应与操作人员取得联系。其他人员未经许可不得随意操作。

2）操作人员应根据环控运行工况要求，决定各风阀的开启与关闭。电动调节风阀的操作可在EMCS工作站上进行，也可在环控电控室或现场手操箱上操作，但各类风阀的状态必须到现场予以确认。只有确认符合工况状态要求后，方可进入风机的操作。在环控电控室和就地手操箱操作时，操作完成后，检查确认当前MNS柜和就地手操箱的开关位置是否符合当前操作控制方式。

3）区间隧道冷却和区间隧道内列车阻塞或发生火灾时，在自动控制无效时，操作人员必须按调度的指令进行操作，在工况状态指令决定后，操作组合阀门的开启与关闭。

4）手动操作风阀。先拔出执行器上的手动摇杆，并折弯成90°，手柄顺时针方向旋转为开启风阀，逆时针方向旋转为关闭风阀。

5）电动操作风阀。按动控制箱上的启动按钮，开启风阀；按动关闭按钮，关闭风阀。

（3）注意事项

1）防火、防烟风阀动作后，当故障排除后，系统进入正常运行工况，有复位要求的阀门，应及时进行复位。

2）风阀在动作过程中，不允许进行切换操作。如一定要换向，应按动紧停按钮，待叶片停转后，再按动启动或关闭按钮换向。

3．空调箱的操作

（1）操作前的检查

1）检查空调箱各功能段内部是否清洁，清除各功能段内的杂物。

2）检查机组内叶轮与壳体有无碰擦，旋转是否灵活，旋转方向是否正确。

3）检查风机与电动机的地脚螺栓是否牢固，减震器受力是否均匀。

4）检查风机轴承温度不得超过60℃。

5）检查准备加入的润滑油的名称、型号是否与要求一致，并按规定操作方法加注额定量的润滑油。

6）检查传动皮带松紧是否正常，是否脱落、断裂。

7）空调工况应检查空调箱表冷器各组供水阀、回水阀是否开足，进出水压力等是否异常。

8）检查空调箱进出风阀位置是否按要求打开，防止出现不正常高压或负压而使箱体变形，甚至损坏空调箱。

（2）操作要求

1）对每日正常开停运行的空调箱，可直接按要求操作。

2）对首次使用、经检修后修复、停用的空调箱需经操作前检查，全部正常后，方可按要求进行操作。运行时应先启动空调箱离心风机，再启动其他风机，设置有轻载启动装置（如软启动装置或变频启动装置）的除外。

3）空调箱风机启动前，操作人员必须离开风机段，关闭通道门，方可启动风机。

4）空调箱风机启动和运行时，要注意观察和监测启动电流和运行电流，电流异常，有异声、异味、异常振动，要立即停机，只有故障排除后方可运行。

(3) 注意事项

1) 操作人员如要进入风机段进行工作，必须先关闭风机，将送电柜断开或将就地启动装置放在停止位置，并挂好警示牌，风机停止转动，确认安全无误后，方可打开通道门，进入风机段。

2) 对于单冷系统的空调箱，空调工况结束后，运行通风工况时，应将空调箱表冷器内的水放尽，防止冬季表冷器换热管由于新风温度低于0℃而冻裂。

3) 空调箱在运行中，经常注意风机运行状况。风机轴承每月加注一次润滑油，每月检查一次皮带的松紧程度和传动件状况。

4. 冷水机组的操作

(1) 活塞式冷水机组的操作

1) 操作前的准备工作

①检查压缩机。

②检查压缩机曲轴箱的油位是否合乎要求，油质是否清洁。

③通过储液器的液面指示器观察制冷剂的液位是否正常，一般要求液面高度应在示液镜的1/3~2/3处。

④开启压缩机的排气阀及高、低压系统中的有关阀门，但压缩机的吸气阀和储液器上的出液阀可先暂不开启。

⑤检查制冷压缩机组周围及运转部件附近有无妨碍运转的因素或障碍物。对于开启式压缩机可用手盘动联轴器数圈，检查有无异常。

⑥对具有手动卸载—能量调节的压缩机，应将能量调节阀的控制手柄放在最小能量位置。

⑦接通电源，检查电源电压。

⑧调整压缩机高、低压力继电器及温度控制器的设定值，使其指示值在所要求的范围内。压力继电器的压力设定值应根据系统所使用的制冷剂、运转工况和冷却方式而定，一般使用R22制冷剂时，高压设定范围为1.5~1.7 MPa。

⑨开启冷媒水泵、冷却水泵，使蒸发器中的冷媒水循环起来。

⑩开启空调通风系统回路设备，检查制冷系统、水系统、风系统有无异常，如有异常，故障排除后方可执行开机操作。

2) 开机操作。对于装有全自动控制装置的冷水机组，可直接按机组要求程序进行开机操作。对于手动控制系统的冷水机组，开机操作则可按下述程序进行：

①启动准备工作结束以后，向压缩机电动机瞬时通、断电，点动压缩机运行

2～3 次，观察压缩机、电动机启动状态和转向，确认正常后，重新合闸正式启动压缩机。

②压缩机正式启动后，逐渐开启压缩机的吸气阀，注意防止出现“液击”的情况。

③同时缓慢打开储液器的出液阀，向系统供液，待压缩机启动过程完毕，运行正常后将出液阀开至最大。

④对于设有手动卸载能量调节机构的压缩机，待压缩机运行稳定以后，应逐步调节卸载能量调节机构，即每隔 15 min 左右转换一个挡位，直到达到所要求的挡位为止。

⑤在压缩机启动过程中应注意观察：压缩机运转时的振动情况是否正常；系统的高、低压及油压是否正常；电磁阀、自动卸载—能量调节阀、膨胀阀等工作是否正常。待这些项目都正常后，启动工作结束。

3）停机操作。对于装有自动控制系统的压缩机，停机操作由自动控制系统来完成。对于手动控制系统的压缩机，停机操作可按下述程序进行：

①在接到停止运行的指令后，首先关闭储液器或冷凝器的出口阀（即供液阀）。

②待压缩机的低压压力表的表压接近于零，或略高于大气压时（大约在供液阀关闭 10～30 min 后，视制冷系统蒸发器大小而定），关闭吸气阀，停止压缩机运转，同时关闭排气阀。如果由于停机时机掌握不当，而使压缩机停机后的低压压力低于 0 时，则应适当开启一下吸气阀，使低压压力表的表压上升至 0，以避免停机后，由于曲轴箱密封不好而导致外界空气渗入。

③停冷媒水泵、回水泵等，使冷媒水系统停止运行。

④在制冷压缩机停止运行 10～30 min 后，关闭冷却水系统，停止冷却水泵、冷却塔风机，使冷却水系统停止运行。

⑤关闭制冷系统各阀门。

⑥为防止冬季可能产生的冻裂故障，应将系统中残存的水放干净。

4）紧急停机和事故停机的操作。制冷设备在运行过程中，如遇下述情况，应做紧急停机处理。

①突然停电的停机处理。制冷设备在正常运行中，突然停电时，首先应立即关闭系统中的供液阀，停止向蒸发器供液，避免在恢复供电而重新启动压缩机时，造成“液击”故障。接着应迅速关闭压缩机的吸、排气阀。恢复供电以后，可先保持供液阀为关闭状态，按正常程序启动压缩机，待蒸发压力下降到一定值时（略低于正常运行工况下的蒸发压力），再打开供液阀，使系统恢复正常运行。

②冷却水突然断水的停机处理。制冷系统在正常运行工况下，因某种原因，突然

造成冷却水供应中断时，应首先切断压缩机电动机的电源，停止压缩机的运行，以避免高温高压状态的制冷剂蒸汽得不到冷却，而使系统管道或阀门出现爆裂事故。之后关闭供液阀、压缩机的吸、排气阀，然后再按正常停机程序关闭各种设备。冷却水恢复供应以后，系统重新启动时可按停电后恢复运行时的方法处理。但如果由于停水而使冷凝器上的安全阀动作过，就还须对安全阀进行试压一次。

③冷媒水突然断水的停机处理。制冷系统在正常运行工况下，因某种原因，突然造成冷媒水供应中断时，应首先关闭供液阀（储液器或冷凝器的出口控制阀）或节流阀，停止向蒸发器供液态制冷剂。关闭压缩机的吸气阀，使蒸发器内的液态制冷剂不再蒸发或蒸发压力高于0℃时制冷剂相对应的饱和压力。继续开动制冷压缩机，使曲轴箱内的压力接近或略高于0℃时，停止压缩机运行，然后其他操作再按正常停机程序处理。当冷媒水系统恢复正常工作以后，可按突然停电后又恢复供电时的启动方法处理，恢复冷媒水系统正常运行。

④火警时的紧急停机。在制冷空调系统正常运行情况下，空调机房或相邻建筑发生火灾危及系统安全时，应首先切断电源，按突然停电的紧急处理措施使系统停止运行。同时向有关部门报警，并协助灭火工作。当火警解除之后，可按突然停电后又恢复供电时的启动方法处理，恢复系统正常运行。

制冷设备在运行过程中，如遇突然停电产生的停机、冷却水断水、冷冻水突然断水等情况，应做故障停机处理。

制冷装置在发生上述故障时，采取何种方式停机，可视具体情况而定，可采用紧急停机处理或按正常停机方法处理。

（2）离心式冷水机组的操作。离心式冷水机组的启动运行方式有“全自动”运行方式和“部分自动”（即手动启动）运行方式两种。

离心式冷水机组无论是全自动运行方式或部分自动—手动运行方式的操作，其启动联锁条件和操作程序都是相同的。制冷机组启动时，若启动联锁回路处于下述任何一项时，即使按下启动按钮，机组也不会启动。例如，导叶没有全部关闭；故障保护电路动作后没有复位；主电动机的启动器不处于启动位置上；按下启动开关后润滑油的压力虽然上升，但升至正常油压的时间超过了20 s；机组停机后再启动的时间未达到15 min；冷媒水泵或冷却水泵没有运行或水量过少等。

当主机的启动运行方式选择“部分自动”控制时，主要是指冷量调节系统是人为控制的，而一般油温调节系统仍是自动控制，启动运行方式的选择对机组的负荷试机和调整都没有影响。

（3）螺杆式冷水机组的操作

1）操作前的准备工作

①开启空调通风系统回路设备，检查有无异常。

②开启空调系统水系统设备，如冷冻水泵、冷却水泵、冷却塔等，检查有无异常。如室外大气温度较低，可先不开启冷却塔风机。

③检查冷水机组供电电压是否正常，制冷管路有无泄漏，各阀门是否在正确位置，运转部件附近有无影响运转的因素或障碍物。

④对于自动控制机组，检查冷水机组控制系统是否正常，有无报警信息。

上述准备工作正常，故障消除可进入开机操作。

2）开机操作。对于具有全自动控制装置的冷水机组，冷水机组的开机操作可按照机组要求的控制程序进行操作。对于手动控制和只有部分控制装置的冷水机组，可按下述程序进行操作：

①确认机组中各有关阀门所处的状态符合开机要求。

②向机组电气控制装置供电，并打开电源开关，使电源控制指示灯亮。

③检测润滑油油温是否达到30℃。若不到30℃，应打开电加热器进行加热，同时可启动油泵，使润滑油循环温度均匀升高。

④油泵启动运行以后，将能量调节控制阀置于减载位置，并确定滑阀处于零位。

⑤调节油压调节阀，使油压达到0.5～0.6 MPa。

⑥闭合压缩机，启动控制电源开关，打开压缩机吸气阀，经延时后压缩机启动运行。在压缩机运行后，进行润滑油压力的调整，使其高于排气压力0.15～0.3 MPa。

⑦闭合供液管路中的电磁阀控制电路，启动电磁阀，向蒸发器供液态制冷剂，将能量调节装置置于加载位置，并随着时间的推移，逐级增载，同时观察吸气压力，通过调节膨胀阀，使吸气压力稳定在0.36～0.56 MPa（表压）。

⑧压缩机运行以后，当润滑油温度达到45℃时，断开电加热器的电源，同时打开油冷却器的冷却水进、出口阀，使压缩机运行过程中，油温控制在40～55℃。

⑨若冷却水温度较低，可暂时将冷却塔的风机关闭。

⑩将喷油阀开启1/2～1圈，同时使吸气阀和机组的出液阀处于全开位置。将能量调节装置调节至100%的位置，同时调节膨胀阀，使吸气过热度保持在6℃以上。

3）正常运行的标志

机组启动完毕，投入运行后，应注意对下述内容的检查，确保机组安全运行。

①压缩机排气压力为1～1.55 MPa（表压）。

②压缩机排气温度为45～90℃，最高不得超过105℃。

③压缩机的油温为40～55℃。

④压缩机的油压为0.2～0.35 MPa（表压）。

⑤压缩机的运行电流在额定值范围内，以免因运行电流过大而造成压缩机电动机的烧毁。

⑥压缩机运行过程中，声音应均匀、平稳，无异常声音。

⑦机组的冷凝温度应比冷却水温度高3～5℃，冷凝温度一般应控制在40℃左右，冷凝器进水温度应在32℃以下。

⑧机组的蒸发温度应比冷媒水的出水温度低3～4℃，冷媒水出水温度一般为7℃左右。

4）停机操作。螺杆式冷水机组的停机分为正常停机、紧急停机、自动停机和长期停机等方式。

（4）注意事项

1）由于地铁车站采用了不同厂家不同种类的各型冷水机组和热泵机组，而各型冷水机组和热泵机组的操作要求均不相同。因此，操作人员必须经过培训、考核，并取得相应机型的上岗操作资格，经有关部门批准后，方可操作。

2）其他机型冷水机组和热泵机组的操作过程要按照其冷水机组和单冷/热泵机组操作使用说明书的要求执行。

3）冷水机组和热泵机组的开停机时间，由主管部门根据实际情况统一下达。

4）冷水机组和热泵机组在运行过程中发生异常和故障，且在操作要求能处理的范围内时，操作人员要及时处理解决，并做好相应的处理记录。除此之外，操作人员要按各型冷水机组的紧急关机程序立即停机，同时汇报调度，并做好记录。

5. 风幕机的操作

（1）操作前的准备工作

1）检查风叶与机壳，应不发生碰撞。

2）检查风幕机固定螺栓，应无松动，吊架、支承完好。

3）检查风幕机风口，如有异物、堵塞，应清除，保证出风顺畅。

4）对停行一个月以上的风幕机，应测试电机的绝缘电阻（采用500 V摇表测试，绝缘电阻大于0.5 MΩ）。

（2）操作要求

1）风幕机的开关时间以车站公共区域空调运行时间为准。

2）风幕机操作为就地执行。

3）风幕机启动后，应注意观察，如有异常噪声、振动等情况，应立即停机，排除故障后，方可恢复操作。

6．事故风机的试验操作

（1）操作前的准备工作

1）对风机前后及风道进行检查，发现异物应清理。

2）用500 V兆欧表对电机的绝缘电阻进行测量，如测试值 < 10 MΩ，应停止操作。

3）风机风阀的电器控制状态应放在“环控”位置。

4）做好热敏、热继保护及主回路等方面的检查，并做好相应记录。

5）调整好风阀的状态，并到现场确认。

（2）操作要求

1）风机试验应在夜间地铁列车运营结束后进行，事故风机试验因涉及正线作业，应提前办理要点申请，并得到批准后方可执行。

2）风机运行试验前，首先应由运行当班人员向调度汇报，在征得调度允许后方可施行。

3）风机试验一般应在控制主机上进行，当控制主机不能操作时，应到环控电控室进行操作。

4）启动风机前，要关掉静止加热回路电源开关。

5）事故风机每月试验一次，应先开排风，后开送风，送、排风运行试验各为15 min。送、排转换停机时间为10 min或风机转速下降到30%。

6）风机试验结束后，应合上电加热开关，风阀恢复到原来位置。

7）做好风机试验过程中的有关数据记录。

（3）注意事项

1）同一车站的事故风机试验应避免在同一时间内启动。

2）车站同端的事故风机应错开试验时间。

3.4.4 环控系统设备的日常运行管理

1．车站环控设备的运行操作管理

由主管部门制定各环控设备的运行操作管理规程，运行操作人员必须严格执行各环控设备的运行操作规程，不得擅自更改和违反，各设备均应有明确的操作规程文本。

2. 车站环控设备的操作人员

车站环控设备的操作人员必须经过培训合格，取得上岗证后方可操作环控设备；必须按规定的时间，巡查和记录各环控设备运行状态，发现异常和问题，必须按相应规程操作。

3. 车站负责人、环控操作人员和相关人员

车站负责人、环控操作人员和相关人员必须熟悉所管理设备的位置和运行状态，能及时处理可能导致设备损坏的故障。

3.4.5 环控系统各类设备的日常巡视与检查

日常巡视与检查应根据地铁车站环控系统设备布置情况分期设置实施，具体可分为环控电控室、空调机房和风机房、水系统设备、消防报警设备（FAS）、机电控制设备（BAS）、公共区设备等。巡视与检查的周期根据不同车站设备的布置、设备使用情况、监测和监控系统的功能情况等确定，目的是通过预防性巡视与检查，确保设备安全运行。通常各类设备的巡视与检查要求如下：

1. 冷水机组日常巡视与检查工作要求

（1）检查冷冻水和冷却水进出水流量、压力是否符合冷水机组要求。

（2）检查冷水机组供电电源电压是否符合机组要求380（±38）V。

（3）检查冷水机组电流、高压、油压、油温、油位、低压、蒸发器和冷凝器进出水温是否在机组运行范围内。

（4）检查日操作记录表，记录是否完整，有无异常情况和数据。

2. 冷却塔日常巡视与检查工作要求

（1）检查冷却塔布水是否均匀正确，水量是否正常，有无异常振动。

（2）检查冷却塔风机旋转方向是否正确，电流是否在运转范围内，以产品标牌为准。

（3）检查冷却塔浮球工作是否正常，塔体是否漏水，补水箱水位是否正常。

（4）检查冷却塔填料是否完好，填料上方有无异物，进出风是否顺畅。

（5）冷却塔电机传动皮带有无损坏、脱落、磨损。

3. 空调机组日常巡视与检查工作要求

（1）空调机组运行时，有无异常声音或振动。

（2）空调机组风机电流是否在电机规定范围内，以产品标牌为准。

（3）空调机组运行时，各通道是否关闭，有无损坏、漏风。

（4）空调机组内传动皮带松紧是否适宜，有无脱落、磨损、损坏。

（5）空调机组过滤网是否清洁。

（6）空调季节时，检查空调机组，表冷器是否清洁，冷凝水排出是否顺畅，机内有无积水，进出水温差与压差是否正常。

（7）检查空调机组运行电流有无异常，并在记录表上记录巡视与检查情况数据。

4．风机日常巡视与检查工作要求

（1）检查风机运行时有无异常声音或振动。

（2）检查可见风道内有无异物，风道的过滤网是否干净，进出风口处的网格有无堵塞、损坏。

（3）检查风机的运行电压、电流是否在电机额定数值范围内，以产品标牌为准。

（4）检查风机是否按运行工况的要求投入运行。

（5）检查风机的固定支架和减震器有无松动。

5．风阀日常巡视与检查工作要求

（1）检查风阀运行时是否有异常声音或振动。

（2）检查风阀的状态是否符合工况要求。

（3）检查风阀的支承和吊架是否有松动。

（4）检查可见风阀的叶片是否有锈蚀、变形、脱落、咬死等现象。

6．风幕机日常巡视与检查工作要求

（1）检查风幕机运行时有无异常声音或振动。

（2）检查风口有无异物。

（3）检查风幕机吊架支承固定是否牢靠。

7．环控电控室日常巡视与检查工作要求

（1）检查环控模式是否正确。

（2）一、二类负荷电源的电压是否正确、正常。

（3）各类动力设备电控柜电压及运行电流是否正确、正常。

8．公共区域设备日常巡视与检查工作要求

（1）风管和风口有无异响，保温层有无破损，风口百叶是否松脱、振动。

（2）各类水管有无漏水，保温层有无破损。

（3）水消防设备是否正常。

（4）自动扶梯运行是否正常。

（5）各类照明系统是否完好。

3.5　环境制冷设备的检查与维护

3.5.1　温控器故障的分析和处理

1. 实训目的

(1) 了解温控器的工作原理。

(2) 掌握温控器的一般检修方法和手段，能熟练地使用常用工具和简单仪器仪表。

(3) 能独立处理温控器的简单故障。

2. 实训设备及工具

温控器、旋具、万用表。

3. 实训内容

(1) 实训要求。判断温控器的制式，消除温控器的故障。

(2) 操作方法和步骤

1) 判断温控器的型号和制式，见表3—6。

表3—6　　温控器的型号和制式

产品型号	应用		功能									
	2管制	4管制	开关	3速风机	风速自动	单冷/单热	冷/热手动切换	冷/热自动切换	节能开关	远端温度传感	时段运行	设定限值
T6372A0108	*					*						
T6373A1108	*		*	*		*						
T6373AC1108	*		*	*		*						
T6373B1148	*		*	*			*					
T6373BC1130	*		*	*			*					
T6375B1153	*	*	*	*			*					
T6373A1108N	*		*	*		*						
T6373BC1130N	*		*	*			*					
T6375B1153N	*	*	*	*			*					
T6375B1286N	*	*	*	*								

2）判断温控器的故障现场及对应的故障点，如图3—5所示。

①没有风机控制信号输出，电源故障。

②没有风机控制信号输出，温控器电源开关故障。

③没有风机控制信号输出，温控器风机选择开关故障。

④没有电动调节阀控制信号输出，温控器模式选择开关故障。

⑤没有电动调节阀控制信号输出，温控器温度设定开关故障。

⑥没有电动调节阀控制信号输出，温控器温度传感器故障。

图3—5 温控器

（3）根据故障维修温控器

1）修复电源线路或接线故障。

2）维修或更换温控器。

3）检查及修复风机线路或接线故障，或维修更换温控器。

4）检查及修复电动调节阀线路或接线故障，或维修更换温控器。

5）检查及恢复温控器温度设定开关正确位置或维修更换温控器。

6）检查及恢复温控器的正确安装位置或维修更换温控器。

3.5.2 风机盘管的检查与保养

1. 实训目的

（1）了解风机盘管的工作原理。

（2）掌握风机盘管的一般检修方法和手段，能熟练地使用常用工具和简单仪器仪表。

（3）能独立处理风机盘管的简单故障。

2. 实训设备及工具

风机盘管、旋具、万用表。

3. 实训内容

（1）实训要求。判断风机盘管的型号，消除风机盘管的故障。

（2）操作方法和步骤

1）判断风机盘管的型号，见表3—7。

表3—7　　风机盘管的型号

型号 HLC～			34HC	51HC	68HC	85HC	102HC	136HC	170HC	204HC	238HC
风量（m^3/h）	高速		340	510	680	850	1 020	1 360	1 700	2 040	2 380
	中速		255	383	510	638	765	1 020	1 275	1 530	1 785
	低速		170	255	340	425	510	680	850	1 020	1 190
制冷量	高	W	2 247	3 146	4 146	5 056	5 955	7 758	9 657	11 601	13 965
		BTU	7 669	10 737	14 150	17 256	20 324	26 478	32 959	39 594	47 663
	中	W	1 620	2 440	3 290	4 120	4 850	6 550	8 190	9 730	11 580
		BTU	5 529	8 328	11 229	14 062	16 553	22 355	27 952	33 208	39 523
	低	W	1 310	2 010	2 650	3 320	3 900	5 300	6 610	7 860	9 350
		BTU	4 471	6 860	9 044	11 331	13 311	18 089	22 560	26 826	31 912
制热量	高	W	3 251	4 697	6 189	7 747	9 491	11 997	14 732	18 162	22 137
		BTU	11 096	16 031	21 123	26 441	32 393	40 946	50 280	61 987	75 554
	中	W	2 350	3 520	4 530	6 040	6 850	9 260	11 740	14 140	16 360
		BTU	8 021	12 014	15 461	20 615	23 379	31 604	40 069	48 260	55 837
	低	W	1 620	2 470	3 130	4 170	4 740	6 500	8 180	9 710	11 290
		BTU	5 529	8 430	10 683	14 232	16 178	22 185	27 918	33 140	38 533
出口静压（Pa）	低静压		0 或 12								
	高静压		30 或 50								
冷却水温度			7～12℃								
热水温度			40～60℃								
功率			AC220 V/50 Hz								
盘管	形式		钢管铝翅片，散热片间距 2.2 mm								
	水量		324	482	655	814	936	1 278	1 602	1 915	2 178
	水阻		30	30	30	30	40	40	40	40	50

2）空气过滤网（见图3—6）的检查及保养。空气过滤网是风机盘管用来净化回风的重要部件，通常采用的是化纤材料做成的过滤网或多层金属网板。由于风机盘管安装的位置、工作时间的长短、使用条件的不同，其清洁的周期与方式也不同。一般情况下，在连续使用期间应一个月清洁一次，如果清洁工作不及时，过滤网的孔眼堵塞非常严重，就会使风机盘管的送风量大大减少，其向房间的供冷（热）量也就相应

大大降低，从而影响室温控制的质量。

保养时，空气过滤网的清洁方式应从方便、快捷、工作量小的角度考虑，首选吸尘器清洁方式，该方式的最大优点是清洁时不用拆卸过滤网。对那些不容易吸干净的湿、重、黏的粉尘，则要采用拆下过滤网用清水加压冲洗或刷洗，或用药水刷洗的清洁方式。

3）滴水盘（见图 3—7）的检查及保养。当盘管对空气进行降温除湿处理时，所产生的凝结水会滴落在滴水盘（又叫作接水盘、集水盘）中，并通过排水口排出。风机盘管的空气过滤器一般为粗效过滤器，一些细小粉尘会穿过过滤器孔眼而附着在盘管表面，当盘管表面有凝结水形成时就会将这些粉尘带落到滴水盘里。

图 3—6　过滤网

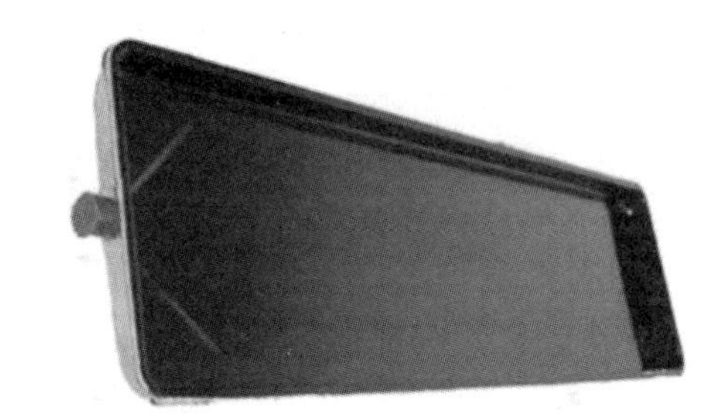

图 3—7　滴水盘

滴水盘必须进行定期清洗，将沉积在滴水盘内的粉尘清洗干净。否则，沉积的粉尘过多，会使滴水盘的容水量减小，在凝结水产生量较大时，由于排泄不及时，会造成凝结水从滴水盘中溢出而损坏房间天花板的事故。

4）盘管的检查。盘管担负着将冷（热）水的冷（热）量传递给通过风机盘管的空气的重要使命。为了保证高效率传热，要求盘管的表面必须尽量保持光洁。但是，由于风机盘管一般配备的均为粗效过滤器，孔眼比较大，在刚开始使用时，难免有粉尘穿过过滤器而附着在盘管的管道或肋片表面。如果不及时清洁，就会使盘管中冷（热）水与盘管外流过的空气之间的热交换量减少，使盘管的换热效能不能充分发挥出来。如果附着的粉尘很多，甚至将肋片间的部分空气通道都堵塞的话，则同时还会减小风机盘管的送风量，使其空调性能进一步降低。风机盘管的接线如图 3—8 所示。

5）风机的检查。风机盘管一般采用的是多叶片双进风的离心风机，这种风机的叶片形式是弯曲的。由于空气过滤网不可能捕捉到全部粉尘，所以漏网的粉尘就有可能黏附到风机叶片的弯曲部分，使得风机叶片的性能发生变化，增加重量。如果不及时清洁，风机的送风量就会明显下降，电耗增加，噪声加大，使风机盘管的总体性能变差。

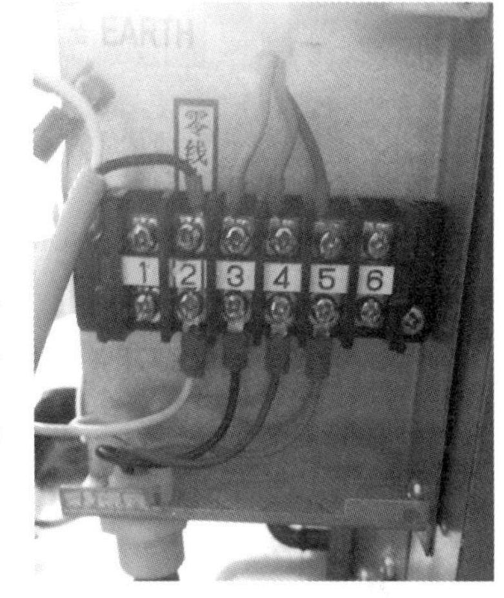

图 3—8 风机盘管的接线

3.5.3 风管保温性能不良的分析和处置

1．实训目的

（1）了解风管的工作原理。

（2）掌握风管的一般检修方法和手段，能熟练地使用常用工具和简单仪器仪表。

（3）能独立处理风管的简单故障。

2．实训设备及工具

风管、旋具、扳手。

3．实训内容

（1）实训要求。判断风管的管径，消除风管的故障。

（2）操作方法和步骤

1）判断风管的管径，见表 3—8。

表 3—8 风管管径

编号	管径 D（mm）	流速 v（m/s）	局部压力损失 Z（Pa）	单位长度摩擦压力损失 R_w（Pa/m）	摩擦压力损失 $R_w l$（Pa）	管段压力损失 $Z+R_w l$（Pa）	备注
1	140	14	164.6	18	198	363	—
2	240	14	24	12	60	84	—
3	380	14		5.5	27.5	27.5	—
4	500	12	43	3	12	55	—
5	500	12	69	3	24	93	—

2）故障现象的判断

①保温材料的厚度不够或厚度不匀。

②风管或保温板材表面不平，相互接触的间隙过大而不严密。

③保温钉的单位面积分布不均或数量过少。

④保温层粘接不牢固或压板脱落。

⑤保温板材拼接缝过大。

⑥保温破坏或粘接带开胶，致使保温材料吸水量增加。

3）故障的恢复

①保温材料的厚度应按设计图纸要求施工，如设计未明确，应按照国家标准图集规定施工，严格掌握材料厚度，铺设均匀，否则防雨垂直面的保温材料容易下坠甚至掉落。

②保证风管制作平整，防止交叉施工中受到踩踏。

③采用保温钉结构，保温钉分布应根据风管不同，使保温钉穿过保温板，保证保温板与风管接触紧密。

④保证保温钉与风管粘接牢固可靠。

⑤特别是风管法兰不能外露，各种接缝要控制在最小限度，不得使用过小的板料拼接，以免增加缝隙，降低保温效果。

⑥保护的材质除防止隔热层损坏外，还要有防潮作用，较多采用铝箔玻璃丝带，保护应做到完整无损、粘接牢固。

理论知识复习题

一、单项选择题（选择一个正确的答案，将相应的字母填入题内的括号中）

1. 每立方米空气中含有水蒸气的质量被称为（　　）。

A. 湿度　　B. 绝对湿度　　C. 相对湿度　　D. 含湿量

2. 空气的密度和空气的比容互为（　　）关系。

A. 导数　　B. 倒数　　C. 正比　　D. 反比

3. 表冷器外表面的平均温度称为（　　）。

A. 露点温度　　B. 机器露点温度

C. 饱和温度　　D. 机器饱和温度

4. 空气调节系统按处理空气的来源可分为（　　）。

A. 封闭式和开放式　　B. 封闭式和全新式

C. 全新式和混合式　　D. 封闭式、全新式和混合式

5. 在送风前让回风与（　　）混合一次的集中式系统称为一次回风式系统。

A. 冷风　　B. 热风　　C. 新风　　D. 空气

6. 将经过处理的空气按照预定要求输送到各个空调房间，并从房间内抽回或排出一定量的室内空气的设备是（　　）。

A. 空气处理设备　　B. 空气输送设备

C. 空气分配装置　　D. 以上答案都不对

7. 通常在车站（　　）为每个区间隧道设置活塞/机械通风系统。

A. 车头部位　　B. 车尾部位　　C. 两端　　D. 中间

8. 利用列车行驶的活塞作用与外界通风换气以控制内部热环境，排除余热余湿，这种环控方式一般为（　　）。

A. 闭式环控系统　　B. 活塞风系统

C. 开式环控系统　　D. 排热风系统

9. 冷水机组的主要部件有压缩机、冷凝器、蒸发器和（　　）。

A. 单向阀　　B. 节流阀　　C. 气液分离器　　D. 过滤器

10. 节流阀在制冷系统中的重要作用在于（　　）。

A. 降低压力　　B. 降低温度

C. 节流降压　　D. 提高压力和温度

二、判断题（将判断结果填入括号中，正确的填“√”，错误的填“×”）

1. 温度是描述空气冷热程度的物理量，主要有三种标定方法：摄氏温标、华氏温标和绝对温标（又称热力学温标或开氏温标）。（　　）

2. 空气的压力就是当地的大气压，常用单位有国际单位帕斯卡（Pa）。（　　）

3. 空气的焓值是指空气中含有的总热量。（　　）

4. 按空气处理设备的设置情况可将空气调节系统分为集中式、半集中式、集中冷却的分散型机组和全分散式系统。（　　）

5. 根据送风量是否可以变化，集中式系统可分为定风量式和变风量式。（　　）

6. 半集中式系统是指送入空调房间内的回风由空调机房集中处理，空调房间内的空气由分散在空调房间内的装置进行处理。（　　）

7. 集中式空调系统由空气处理设备、空气输送设备和空气分配装置组成。（　　）

8. 屏蔽门式环控系统由车站公共区制冷空调通风系统（兼排烟）和车站设备及管

理用房空调通风系统（兼排烟）组成。（　）

9. 制冷空调循环水系统通常在采用空气—水交换系统的车站空调通风大系统和小系统中运用。（　）

10. 典型闭式环控系统由车站通风系统和隧道通风系统两部分组成。（　）

理论知识复习题参考答案

一、单项选择题

1. B　2. B　3. B　4. D　5. C　6. B　7. C　8. C
9. B　10. C

二、判断题

1. √　2. √　3. √　4. √　5. √　6. ×　7. √　8. ×
9. √　10. ×

第 4 章

给水排水系统

学习完本章的内容后，您能够：

- ☑ 了解车站消防系统的基本结构和组成
- ☑ 了解车站自动灭火系统的工作原理
- ☑ 熟悉水泵、水阀的安装、检查和维护

4.1 基础知识

4.1.1 消火栓系统

1. 消防泵的工作原理及结构组成

城市轨道交通常用的消防泵为IS型清水离心水泵（填料密封型）及立式消防泵等。IS型清水离心水泵是利用叶轮旋转而使水产生的离心力来工作的。水泵在启动前，必须把泵壳和吸水管都充满水，然后驱动电动机，使泵轴带动叶轮和水作高速旋转运动，水在离心力作用下甩向叶轮外线，并汇集到泵壳体内，经蜗壳形泵壳的流道而流入水泵的压水管路。与此同时，水泵叶轮中心处由于水被甩出而形成真空，吸水池中的水便在大气压力作用下，通过吸水管吸进了叶轮。叶轮不停地旋转，水就不断地被甩出，又不断地被补充，这就形成了离心泵的连续输水。

城市轨道交通常用的IS型国际标准单级单吸离心清水泵的结构简单，其主要零件有叶轮、泵壳、泵轴、密封环、填料函、轴承，分述如下：

(1) 叶轮。叶轮又称工作轮，是泵的核心，它的作用是将动力机的机械能传递给液体，使液体的能量增加。因此，它的几何形状、尺寸、所用材料和加工工艺等与泵的性能有极密切的关系。封闭式叶轮由前盖板、后盖板、叶片和轮轴组成，在吸入口一侧叫前盖板，后侧为后盖板，叶片夹于两盖板之间，叶片一般为6~8片，叶片和盖板的内壁构成的槽道，称为叶槽。水自叶轮吸入口流入，经叶槽后再从叶轮四周甩出，所以水在叶轮中的流动方向是轴向流入，径向流出。封闭式叶轮一般用于输送清水。

叶轮的材料必须具有足够的机械强度和耐磨、耐腐蚀性能。目前，多采用铸铁、铸钢等制成。叶轮内外加工表面应有一定的光洁度，铸件不能有砂眼、孔洞等缺陷，否则会降低水泵效率和叶轮使用寿命。

（2）泵壳。泵壳由泵盖和泵体组成。泵体包括泵的吸水口、蜗壳形流道和泵的出水口。蜗壳形流道断面沿着流出方向不断增大，它除了汇流作用外，还可以使其中的水流速度基本不变，以减少由于流速变化而产生的能量损失。泵的出水口连接一段扩散的锥形管，水流随着断面增大，速度逐渐减小，压力逐渐增加，水的部分动能转化为压力能。

（3）泵轴。泵轴是用来带动叶轮旋转的，用不低于35#的优质碳素钢制成。泵轴要直，以免在运转时，由于泵轴的弯曲引起叶轮摆动过大，加剧叶轮与密封环的摩擦，损坏零件。为了防止填料与泵轴直接摩擦，泵轴在与填料接触部位装有轴套，轴套磨损后可以更换，这样可以延长泵轴的使用寿命。

（4）轴承。轴承用以支承转动部分的重量，以及承受泵运行时的轴向力和径向力，常用滚珠轴承。滚珠轴承安装在悬架轴承体内。

（5）密封环。在转动的叶轮吸入口的外线与固定的泵体内线之间存在一个间隙，它正是高低压交界面。这一间隙如过大，则泵体内高压水便会经过此间隙漏回到叶轮的吸水侧，从而减少水泵的实际出水量，降低水泵的效率；这一间隙如过小，叶轮转动时会与泵壳发生摩擦，引起机械磨损。为了尽可能减少漏水损失，同时又能保护泵壳不被磨损，在泵体上或泵体和叶轮上分别安装一铸铁圆环，该环磨损后可以更换，且该环位于水泵进口，既可减少漏水，又能承受磨损，称为密封环。

（6）填料函。在泵轴穿出泵盖处，在转动的轴与固定的泵盖之间也存在着间隙，为了防止高压水通过该处的间隙向外大量流出和空气进入泵内，必须设置轴封装置，填料函就是常用的一种。它主要由底衬环、填料、水封管、水封环、填料压盖等零件组成。

填料又叫盘根，常用的是浸油、浸石墨的石棉绳填料，外表涂黑铅粉，断面一般为方形。它的作用是填充间隙进行密封，通常用4～6圈。填料内部装有水封环，它是一个中间凹下，外周处凸起的圆环，该环对准水封管，环上开有若干个小孔。当水泵运转时，泵内的高压水通过水封管进入水封环渗入填料进行水封，同时还起冷却、润滑泵轴的作用。填料压紧的程度，由压盖上的螺钉来调节。如压得太紧，虽然能减少泄漏，但填料与泵轴摩擦损失增加，功率消耗大，甚至将造成抱轴现象，产生严重的发热和磨损；压得过松，达不到密封效果。一般合适的压紧程度是使水能从填料处呈滴状连续漏出为宜。

2. 水泵的性能参数

离心水泵的性能参数有流量、扬程、功率、效率、转速等。

（1）流量。流量俗称出水量，它表示水泵在单位时间内所输送液体的体积或重量，用字母 Q 表示，常用的单位有 L/s、m^3/h 等。

（2）扬程。扬程通常指总扬程，又叫总水头，它表示单位重量液体通过水泵后，其能量的增加值，用字母 H 表示，单位是 m、kPa 等。若水的密度 $\rho = 1\ 000\ kg/m^3$，则 $1\ mH_2O = 9.8\ kPa = 9\ 800\ Pa$。

当水泵抽进的是水，单位重量的水流进水泵时所具有的能量为 E_1，流出水泵时所具有的能量为 E_2，则水泵的扬程 $H = E_2 - E_1$。

（3）功率。功率有轴功率和有效功率两个概念。轴功率是指水泵的输入功率，它表示动力机输送给水泵的功率，用符号 N 表示，常用单位为 kW。有效功率是指水泵的输出功率，它表示单位时间内流过水泵的液体从水泵那里得到的能量，用符号 Ne 表示。

（4）效率。效率指水泵的有效功率和轴功率之比值。它反映了泵对动力的利用情况，是一项技术经济指标，以字母 η 表示：$\eta = \frac{Ne}{N} \times 100\%$。

IS 型单级单吸离心清水泵其性能参数范围广阔，转速有 2 900 r/min 和 1 450 r/min 两种，流量 6.3 ~ 400 m^3/h，扬程 5 ~ 125 m。

3. 水泵型号

以 IS200 - 150 - 315 为例，水泵型号代表的意义是：IS 表示采用国际标准的单级单吸离心清水泵；200 表示泵进水口直径为 200 mm；150 表示泵的出水口直径为 150 mm；315 表示叶轮的出口名义直径为 315 mm。

车站的 IS 型离心水泵一般安装在采用阻尼弹簧减震器的减震架上，阻尼弹簧减震器具有频率较低、阻尼较大等优点。

因车站 IS 型水泵（用于消防增压）均从市政自来水管网吸水，所以启动前无需先将泵壳内注水。但当自动喷水系统管网和消火栓系统管网未打开出水口放水的情况下，决不能运行消防增压水泵，以免损坏管网等设备。

4. 远距离启动消防水泵设备

为了在起火后迅速提供消防管网所需的水量与水压，必须设置按钮、水流指示器等远距离启动消防水泵的设备。在城市轨道交通车站控制室的控制箱上设置按钮；在自动喷水灭火系统出水管上安装水流指示器。当室内消火栓或自动喷水灭火系统喷头动作时，由于水的流动，水流指示器发出水流信号，并通过报警阀组自动启动消防水泵。另外，可在车站控制室的控制箱上，远距离启动或停止消防水泵（消火栓或自动喷水灭火系统水泵）运转。

4.1.2 自动喷淋灭火系统

自动喷水灭火系统是一种在发生火灾时，在自动打开喷头喷水灭火时发出火警信号的消防灭火设施，是当今世界上公认的最为有效的自救灭火设施，是应用最广泛、用量最大的自动灭火系统。该系统具有安全可靠、经济实用、灭火成功率高等优点，在城市轨道交通中被广泛使用。

1. 自动喷水灭火系统的组成

自动喷水灭火系统由洒水喷头、报警阀组、水流报警装置（水流指示器或压力开关）、管道、喷淋泵及稳压泵等组成，如图 4—1 所示。

2. 自动喷水灭火系统的分类

自动喷水灭火系统可分为闭式系统、雨淋系统、水幕系统和自动喷水—泡沫联用系统。

闭式系统采用闭式洒水喷头，发生火灾时，能自动打开闭式喷头喷水灭火。

雨淋系统亦称开式系统，采用开式洒水喷头，由火灾自动报警系统或传动管控制，发生火灾时，能自动开启雨淋报警阀并启动供水泵向开式喷头供水灭火。

水幕系统由开式洒水喷头或水幕喷头、雨淋报警阀组以及水流报警装置等组成，用于挡烟阻火和冷却分隔物。

自动喷水—泡沫联用系统配置有供给泡沫混合液的设备，灭火时既可以喷水又可以喷泡沫。

3. 自动喷水灭火系统的类型

常用的闭式自动喷水灭火系统有湿式系统、干式系统、干湿式系统和预作用系统四类。城市轨道交通一般使用的是湿式系统（水喷淋系统）。

4. 闭式系统常用的给水方式

（1）设重力水箱和水泵的不分区给水方式，如图 4—2 所示。常用于建筑高度在 100 m 以下的高层建筑。该系统能够保证初期火灾的消防用水；气压水罐设在高位，工作压力小，有效容积利用率高；低层供水在报警阀前采用减压阀减压，保证系统供水

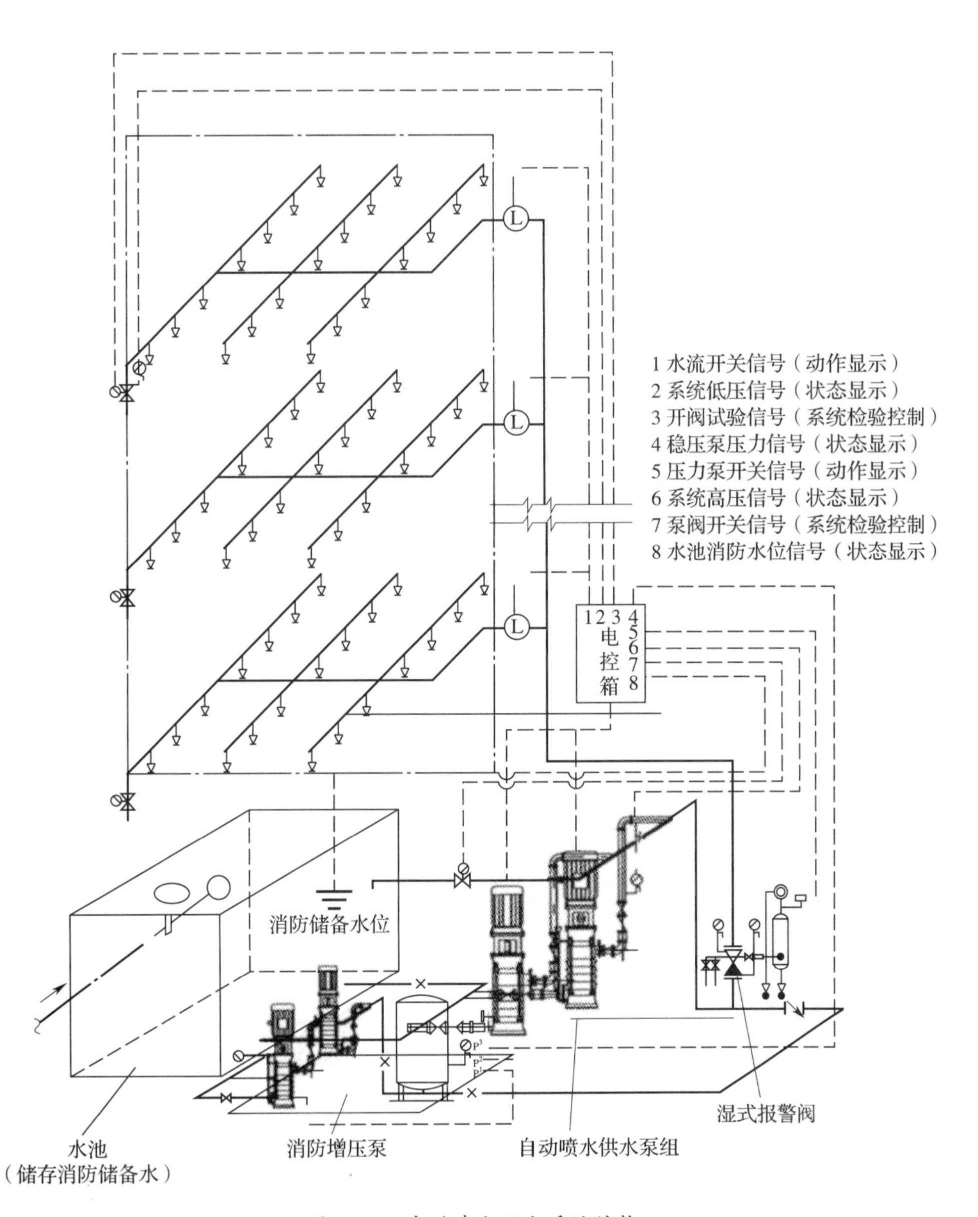

图4—1　自动喷水灭火系统结构

的均匀性。在实际应用中还可以采用多级多出口水泵替代该系统的水泵和减压阀，用同一水泵来保证高、低区各自不同的用水压力，使系统更为简单。由于城市轨道交通中一般不设重力水箱，所以城市轨道交通中不采用设重力水箱和水泵的不分区的给水方式。

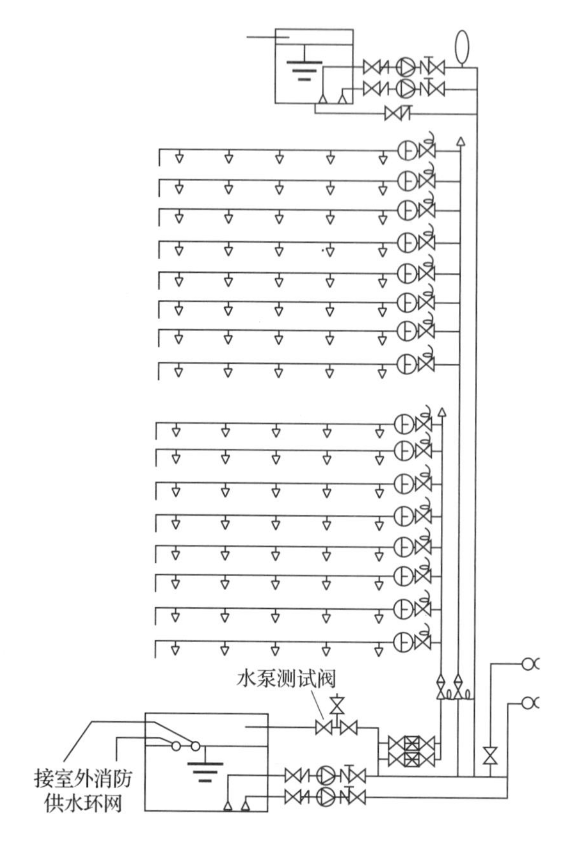

图 4—2　设重力水箱和水泵的不分区的给水方式

（2）无水箱给水方式，如图 4—3 所示。相应规范或当地消防部门允许不设消防水箱的情况下，可采用该给水方式。该系统不设高位消防水箱，设备集中，维护管理方便。但初期火灾的消防用水不容易得到保证，气压水罐容积较大。城市轨道交通中使用的即为无水箱给水方式。

5. 自动喷水灭火系统的管网

（1）管网和报警阀布置。自动喷水灭火系统的配水管网由直接安装喷头的配水支管、向配水支管供水的配水管、向配水管供水的配水干管以及总控制阀向上（或向下）的垂直立管组成。

室内供水管道应布置成环状，其进水管不宜少于两条，当其中一条进水管发生故障时，其余进水管应仍能保证全部用水量和水压。自动喷水灭火系统一般设计成独立系统，在自动喷水灭火系统报警阀后的管网与室内消火栓给水管网分开设置。报警阀后的管道不许设置其他用水设备，稳压供水管也必须在报警阀前与系统相连。

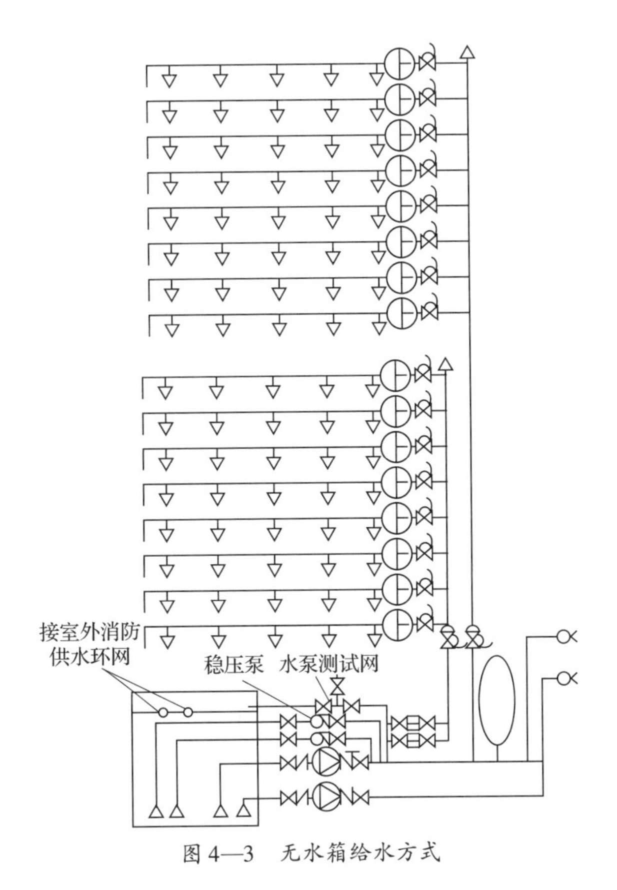

图4—3　无水箱给水方式

供水干管应设分隔阀门，设在便于维修的地方，并经常处于开启状态。

报警阀后的管网可分为枝状管网、环状管网和格栅状管网。采用环状管网的目的是减少系统管道水头损失和使系统布水更均匀，一般在中危险等级场所或对于民用建筑为降低吊顶空间高度时采用。自动喷水系统一般采用枝状管网，管网应尽量对称、合理，以减小管径、节约投资和方便计算。通常根据建筑平面的具体情况布置成侧边式和中央式两种方式。

为了控制配水支管的长度，避免水头损失过大，一般情况下，配水管两侧每根支管控制的标准喷头数，轻危险级、中危险级场所不应超过8只，同时在吊顶上、下布置喷头的配水支管，上、下侧的喷头数均不应多于8只；严重危险级及仓库危险级场所不应超过6只。

（2）管道的直径。管道的直径应经水力计算确定，但为了保证系统的可靠性和尽量均衡系统的水力性能，轻危险级、中危险级场所中各种直径配水支管、配水管控制的标准喷头数不应超过规定。

为了控制小管径管道的水头损失和防止杂物堵塞管道，短立管及末端试水装置的连接管最小管径不小于 25 mm。

干式系统、预作用系统的供气管道，采用钢管时，管径不宜小于 15 mm；采用铜管时，管径不宜小于 10 mm。

6. 地下车站水喷淋系统运行方式

将消防泵房内的就地电器控制箱上的转换开关设定于 1 自 2 备或 2 自 1 备的位置，并将湿式报警阀调整至自动运行状态。自动喷水灭火系统设备的运行程序如下：火灾发生后→玻璃球洒水喷头破碎喷水→该喷水区域的水流指示器动作→湿式报警阀打开→压力开关、水力警铃动作→增压水泵启动→灭火完毕，关停增压水泵→关闭湿式报警阀装置下端的供水阀门→设备复位至自动运行状态。

7. 地面车站水喷淋系统运行方式

将消防泵房内的就地电器控制箱上的转换开关设定于 1 自 2 备或 2 自 1 备的位置，并将湿式报警阀调整至自动运行状态。自动喷水灭火系统设备的运行程序如下：火灾发生后→玻璃球洒水喷头破碎喷水→该喷水区域的水流指示器动作→湿式报警阀启动打开→压力开关、水力警铃动作→增压水泵启动→灭火完毕，关停增压水泵→关闭湿式报警阀装置下端的供水阀门→设备复位至自动运行状态。

4.1.3 软连接

橡胶软接头俗称可曲挠橡胶接头，它是由内外层胶、帘布层和钢丝圈组成管状橡胶件，经硫化成型后再与金属法兰或平行接头松套组合而成。其结构材料采用浸胶尼龙帘子布，内外面采用高强度耐老化极性橡胶材料。为防止该产品在长期使用中自然萎缩和减少老化破裂，采用网状钢丝进行多体保护。软连接实物，如图 4—4 所示。

橡胶软接头的主要性能是耐压高、弹性好（可轴向、横向、角向位移）、降噪声、质量轻、减震动、安装方便、使用灵活、便于拆换维修，同时具有耐酸、耐碱、耐油等特点，并可对因温度变化而引起的热胀冷缩起补偿作用。其产品广泛应用于水、电、化工、船舶系统的各种管道系统中。

图 4—4　软连接实物

橡胶软接头按连接方式可分为松套法兰式、固定法兰式和螺纹式三种；按结构可分为单球体、双球体、异径体、偏心异径体、弯球体及风机盘管等五种。

4.1.4 水流指示器

当某一区域内玻璃喷头喷水后，水流指示器可报知该区域闭式喷头已开启喷水灭火。水流指示器安装在喷水管网的每层水平分支管上或某一区域的分支管上。它可以安装在主供水管或横杆水管上，给出某一分区小区域水流动的电信号，此电信号可送到电控箱，但通常不用作启动消防水泵的控制开关。

4.1.5 湿式报警阀

报警阀是自动喷水灭火系统中的重要组成部件，闭式自动喷水灭火系统的报警阀分为干式、湿式、干湿式和预作用式四种类型。在雨淋系统中采用雨淋式报警阀。报警阀共有 DN50 mm、DN65 mm、DN80 mm、DN125 mm、DN150 mm、DN200 mm 等六种规格。

湿式报警阀安装在湿式闭式自动喷水灭火系统的总供水干管上，主要作用是接通或关闭报警阀水流。喷头动作后，报警水流将驱动水力警铃和压力开关报警，防止水倒流，并通过报警阀对系统的供水装置和报警装置进行检验。目前，国产的湿式报警阀有导孔阀型和隔板座圈型两种形式。如图 4—5 所示为导孔阀型湿式报警阀工作原理。ZSF 系列湿式报警阀的规格见表 4—1。

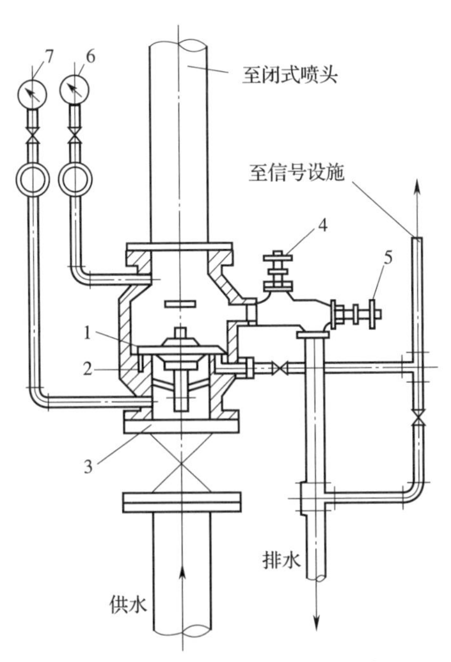

图 4—5 导孔阀型湿式报警阀工作原理

1—报警阀及阀芯 2—阀座凹槽 3—控制阀 4—试铃阀 5—排水阀 6—阀后压力表 7—阀前压力表

表 4—1　　ZSF 系列湿式报警阀规格

<table>
<tr><th rowspan="2">型号</th><th>进水管直径</th><th>最大工作</th><th rowspan="2">水源</th><th>水压（最高</th><th colspan="6">外形尺寸/mm</th></tr>
<tr><th>DN/mm</th><th>压力/MPa</th><th>点喷头）/MPa</th><th>A</th><th>B</th><th>C</th><th>D</th><th>E</th><th>F</th></tr>
<tr><td>ZSF65</td><td>65</td><td rowspan="4">1.2</td><td rowspan="4">高位水箱或恒压水源</td><td rowspan="4">0.1</td><td>450</td><td>330</td><td>640</td><td rowspan="4"><2 000</td><td>380</td><td>480</td></tr>
<tr><td>ZSF80</td><td>80</td><td>490</td><td>350</td><td>660</td><td>400</td><td>500</td></tr>
<tr><td>ZSF100</td><td>100</td><td>600</td><td>420</td><td>680</td><td>400</td><td>500</td></tr>
<tr><td>ZSF150</td><td>150</td><td>620</td><td>440</td><td>700</td><td>420</td><td>600</td></tr>
</table>

湿式报警阀平时阀芯前后水压相等（水通过导向管中的水压平衡小孔保持阀板前后水压平衡），由于阀芯的自重和阀芯前后所受水的总压力不同，阀芯处于关闭状态（阀芯上面的总压力大于阀芯下面的总压力）。发生火灾时，闭式喷头喷水，由于水压平衡小孔来不及补水，报警阀上面的水压下降，此时，阀下水压大于阀上水压，于是阀板开启，向洒水管网及洒水喷头供水，同时水沿着报警阀的环形槽进入延迟器，这股水流首先充满延迟器才能流向压力继电器及水力警铃等设施，发出火警信号并启动消防水泵等设施。若水流较小，不足以补充从节流孔板排出的水，就不会引起误报。湿式报警阀都要垂直安装，与延时器、水力警铃、压力开关和试水阀等构成一个整体。

湿式报警阀应设在距地面 0.8～1.5 m 范围内，并没有冰冻危险、管理维护方便的房间内。在生产车间中的报警阀组，应设有保护装置，防止冲撞和误操作。湿式报警阀前的控制阀应用环形软锁将闸门手轮锁死在开启状态，也可用安全信号阀显示其开启状态。

4.2　车站给水排水系统的运行管理

4.2.1　运行管理的任务和内容

城市轨道交通水消防设备均应保持良好的状态，以备随时投入使用。平时车站运行人员应定期巡视检查设备，发现故障，及时准确汇报故障情况。任何人不得随意改变消防供水管网的状态，全部消防供水管网的阀门均应处于开启状态，并开启至最大位置。为此，操作人员应熟悉消防供水管道的阀门位置、管道走向、设备现状，定期进行消火栓系统设备的联动喷放检查和自动喷水灭火系统设备的联动喷放检查，做好设备检查记录。以上设备检查均应在保证城市轨道交通正常运营的前提下方可进行。

4.2.2 水消防设备运行管理

1. 水消防设备日检

（1）日检设备包括消防泵、阀门、管道、压力表等。

（2）各类设备每日按规定巡视，防汛防台期间，适当增加巡视次数。

（3）日检按下列项目进行：

1）观察正在运行的泵工作是否正常，主要包括是否漏水、漏油，电动机有无异常噪声，工作电流是否在额定范围内，压力表及管道是否正常等。

2）观察设备的状态是否正常，主要是控制位置、压力表指示、管道与阀门等是否正常。

（4）保持设备用房的环境整洁及设备的清洁。

（5）巡视中发现问题，必须立即向调度汇报，尽快恢复设备的正常状态。

（6）巡视的内容与发现的问题必须做好记录。

2. 水消防系统操作

（1）消防系统设备包括IS型清水离心泵、消火栓箱、湿式阀、室外消防接合器、阀门、喷头、压力表、管道等。各类设备必须保持完好。

（2）水消防系统试验前，应检查：

1）消防水泵外观是否完好，水泵油位是否正常。

2）消防管网供水水压是否正常。

3）消防泵的进出口阀门应常开。

4）室外消防接合器应完好。

（3）水消防系统试验时间为消火栓系统每月进行一次试验。

3. 消火栓操作规程

（1）火灾时按下手动报警或电话报警。

（2）打开消火栓箱取出水带，连接消火栓及水枪，打开消火栓阀门，随即启动水泵按钮，持枪喷水。

（3）当消防泵遥控启动失灵时，立即手控启动。当手动也无法启动时，应通知相邻车站启动消火栓泵，对本站管网增压。

（4）在火种确认扑灭，并接到命令后方可手动停泵，关闭消火栓。

（5）使用后的水枪、水带要冲净晾干，并归位。

（6）检查消防设备是否有缺损，若有则应报修或补缺，以便再次使用。

（7）当消火栓系统水压大于 0.6 MPa 时，应对系统进行放水卸压，待系统压力正常后，将系统恢复正常运行方式。

4．消火栓系统试验操作步骤

（1）试验前做好设备检查工作。

（2）按下手动报警或电话报警。

（3）打开消火栓箱取出水带，连接消火栓及水枪，打开阀门，随即启动水泵按钮，持枪喷水。

（4）水泵遥控启动后，情况正常即可手动停泵，然后关闭阀门，取下水枪、水带。水带要冲净晾干，并归位。

（5）对试验中出现的故障，应及时报修，以便再次使用。

5．自动喷水灭火系统操作规程

（1）日常巡视。自动喷水灭火系统正常工作状态为 24 小时处于自动状态，系统供水阀门常开。自动喷水灭火系统的日常巡视、抄表每天不少于两次。

（2）每次巡视须检查喷头外观是否完好，湿式报警阀压力是否处于正常状态（供水压力一般在 0.15～0.5 MPa），喷淋泵的进水压力是否正常，泵体是否漏水，各阀门开关状态是否准确，延时器、水力警铃、压力开关外观是否完好，末端放水压力是否和系统压力相符，管网是否漏水等。配有稳压泵的系统压力应大于 0.25 MPa。

（3）巡视过程中发现有异常情况的应及时处理，并汇报调度、环控调度等，并将异常情况及处理经过记录在运行日志上。

（4）火灾时，自动喷水灭火系统的操作

1）火灾发生时，自动喷水灭火系统的喷嘴玻璃球因温度上升而自动破裂（温度在 68℃以上），开始喷水灭火，并引起水流指示器动作，水力警铃报警声响，压力开关动作，自动喷水灭火系统水泵启动。

2）当自动启泵失灵时，应立即在车控室手操箱上或消防泵房就地控制箱上手动启泵。

3）当系统供水中断时，应立即汇报调度和环控调度，并协助做好地面消防车的供水工作。

4）确认火已被扑灭后，方可手动停泵，关闭自动喷水灭火系统供水阀门。

5）检查设备是否有缺损，自动喷水灭火系统喷头必须调换，待系统正常后，将自动喷水灭火系统置于自动状态，并将异常情况处理经过记录在运行日志上。

6. 自动喷水灭火系统试验操作步骤

（1）试验前做好检查工作，4120面板以及强电启泵控制箱处于自动位置，喷淋泵控制箱处于自动位置，湿式报警阀的供水压力一般在0.15～0.5 MPa，当供水压力小于0.14 MPa时（未配有稳压泵的系统，其湿式报警阀会发生不能动作现象），待水压高于0.14 MPa时再进行试验，并做好供水压力过低记录。

（2）打开末端自动喷水灭火系统试验阀放水，水流指示器动作并报警，湿式报警阀自动打开，水力警铃报警声响，压力开关动作，自动喷水灭火系统水泵自动启动。

（3）水泵自控运行后，即可手动停泵，关闭放水阀。

（4）检查设备是否有缺损，湿式报警阀自动复位是否正常，使系统处于自动状态。

（5）喷淋系统联动试验每月一次，信号蝶阀三个月开关一次。湿式报警阀旁的放水试验阀每三个月放水试验一次。

4.2.3 自清洗过滤器运行管理

自清洗过滤器是水处理行业应用比较广泛的设备，其简单的设计以及良好的性能使污水达到最佳过滤效果。自清洗过滤器运行及控制不需外接任何能源就可以自动清洗过滤和排污。

自清洗过滤器利用滤网直接拦截液体中的杂质、漂浮物、颗粒物等，同时降低水的浊度，减少污垢，并能保障后面设备的正常工作及使用寿命，是一种精密设备，它具有可自动排污的特点。

4.2.4 安全规范

1. 一般安全技术常识

（1）一般安全事故。城市轨道交通管道工工作的特点是流动性大、作业面宽，施工现场较为复杂，所以安全生产特别重要。

在管道安装和维修作业中，通常易发生以下事故：被高空下落的物体砸伤；不小心摔伤或跌伤；被工具及运输车辆撞伤；被动力机械绞伤、碰伤；被土石塌方压伤；触电；被高温物体烫伤、烧伤；缺氧窒息或中毒。

（2）一般安全技术知识。为确保人身和设备安全，防止事故的发生，应掌握以下一般安全技术知识。

工人在作业前，要经过严格的安全技术教育，学习国家有关部门关于安全施工和安全生产的各项规定，学习安全技术规程，并经考试合格后，方可进入现场进行作业。没有接受过安全技术教育和训练的人员不能进行施工作业。

每天作业前，施工负责人应根据当天作业的特点，具体交待安全注意事项。集体操作的作业，操作前应分工明确，操作时统一指挥、互相配合、步调一致。特殊部位、特殊现场，应制定专门的安全措施，认真执行。作业前，禁止喝酒。工作时思想集中，严禁在工作中争吵或打闹。作业中，除应注意自己的安全外，还应经常注意周围人员的安全，对违章违纪行为应设法制止或报告领导。

（3）施工安全规定

1）进行区间隧道施工应先办妥手续，待批准后方能进入区间工作。

2）明火操作应先办妥动火证明手续后方能施工。

3）登高作业应先办妥手续，待批准后方能施工。

4）水泵维修前必须切断电源。

5）施工结束后，必须场清、料清。

2．作业现场安全技术

（1）地槽和地沟作业。在地槽、地沟中作业，易发生塌方压人、中毒窒息或因光线不足而发生跌伤碰伤等事故，为此应做到：

1）在开挖管道沟槽或路堑时，要根据土质、地下水情况和开挖深度，确定合理的边坡坡度，必要时采取加固措施。

2）在开挖较深沟槽（松软土壤挖深在 0.75 m，中等紧密土壤挖深在 1.25 m，紧密土壤挖深在 2 m 以上）作业时，沟槽壁应加适当支柱和支承。

3）进入封闭式地沟或热力管沟作业时，应事先打开两个沟口，经对流通风换气，确认（有条件的取样化验分析）合格后，方可进入。

4）在已盖好沟盖的地沟中进行安装检修时，必须有充足的照明设备。

（2）吊装作业。在管道工程的安装和检修中，需要移动、拆卸或升运管件、阀门等设备。在这项工作中，易发生物件掉下或脱落，造成人身、设备事故。其主要原因是绳索或吊链断裂、起重机构失灵、悬吊不准确或指挥有误等。为防止这类事故发生，必须做到：

1）思想上重视。吊装作业是群体作业，工作前要制定方案和规程，作业中要统一步调、统一指挥、统一行动，由一人指挥操作，不得各行其事。

2）参加吊装作业的人员，必须熟悉各种指挥信号，并能准确地按信号行动。

3）吊装前，必须严格细致地检查起重所用机具是否符合使用要求，所用绳索和钢丝绳必须有足够的备用强度。采用麻绳时，一般情况下安全系数 $n=6\sim8$ 为宜；用于重要起重工作时，$n=10$；用于捆扎时，$n \geq 12$。采用钢丝绳时，一般情况下 $n=5 \sim 6$ 为宜；用于重要起重工作和做吊索时，$n=8 \sim 10$。

4）在系结管材及设备时，避免用打结的方法，应借用特制的长环。重物的重心必须处于重物系结处之间的中心，以保持平衡。绳索系结尽量避免放在重物棱角处，当无法避开时，在棱角处垫入木板或软垫物。物件吊离地面后应用木棒敲打系结绳索，检查是否牢固，确认没有问题后，方可升运。重物悬吊后不应快速旋转或摆动，应设牵引绳控制方向。

5）起重吊装工作区域，严禁非工作人员入内，并应设置临时围障。吊起的重物下面绝对禁止有人停留或通过。

6）大风或雨天不得在露天进行吊装作业。

4.3 泵房设施、设备的安装

4.3.1 自来水水表的安装

1. 水表简介

水表是计量管道流过水量的仪表，可分为流速式和容积式两种。容积式测量的是流过水的容积，精密度高，但构造复杂，要求通过的水质好，我国现不采用。目前我国常用的是流速式水表，是根据流速与流量成正比的原理而制作的，水流冲击带动旋翼轴旋转，带动齿轮盘，记录流过的水量。小流量采用旋翼式水表，大流量采用螺翼式水表。

选择水表时，应按水表的设计流量（不包括消防流量）不超过水表的额定流量来确定水表的直径，并以平均流量的6% ~8% 校核水表的灵敏度。

水流经过水表的水头损失可按 $0.5 \sim 1.5\ mH_2O$ 来估算。

流速式和容积式水表均为水力传动机械表，灵敏度较高，量程较大，但水头损失也较大，耗费动力。目前给排水工程较大管径的水量计量多采用电磁水表，其测量管直通，内部无阻流部件，且不受水温、密度、电导率的影响，可用于测量河流原水、净化水、生活污水等的流量。

2. 水表安装要求

（1）水表的安装位置要尽量避免曝晒、冷冻、污染和水淹，并且要考虑水表拆装和抄表方便。

（2）水表的上游及下游要安装必要的直管段或与其等效的水流整流器装置。

（3）水表的上、下游直管段要同轴安装，密封垫圈不得凸入管内，以免引起计量不准。

（4）水表安装前，必须清除管道内的石子、泥沙等杂物，避免造成水表故障。

（5）水表必须按要求水平或垂直安装，使字面朝向有利于观察的方向，箭头方向与水流方向相同。

（6）水表前后应安装有阀门，以便于维护。

（7）水表井内应设有排水口。

4.3.2　手动闸阀的安装

1．手动闸阀简介

一般管道直径在 70 mm 以上时采用闸阀。此阀全开时水流呈直线通过，阻力小。但是，当水中有杂质落入阀座后，使阀不能关闭到底，因而会产生磨损和漏水。

闸阀是通过闸板升降来控制启闭的阀门。闸阀的主要启闭零件是闸板和阀座。闸板与介质流向垂直，改变闸板与阀座间的相对位置，就改变了介质流向通道的截面积大小，从而可以调节流量。为保证关闭的密封性，闸板与阀座之间进行了研磨，同时在闸板和阀座上镶嵌有青铜、黄铜、不锈钢等耐磨、耐腐蚀材料制成的密封圈。

闸阀按闸板的结构形状，可分为楔式闸阀和平行式闸阀两大类。楔式闸阀的闸板呈楔形，利用楔形密封面之间的压紧作用达到密封目的。

平行式闸阀的阀体中有两块对称且平行放置的圆盘，圆盘中间放有楔块，阀门关闭时，楔块使圆盘张开，紧压阀体的密封面，截断通道；闸门开启时，楔块随闸块一起上升，扩大通道，使流量增加。

根据闸阀启闭时阀杆运动的不同，闸阀又可分为明杆式和暗杆式两大类。明杆式阀门在开启时，阀杆、阀板同时做上下升降运动；而暗杆式阀门的阀杆只能做旋转运动而不能升降，但阀板可做上下升降运动。明杆式闸阀的优点是能够通过阀杆上升高度判断管道开启程度，缺点是阀杆所占空间高度大；暗杆式则相反。闸阀的特点是：结构较复杂，尺寸较大，价格较高；开启缓慢，无水锤现象，易调节流量，流体阻力小，密封面大，易磨损。

2．闸阀安装要求

（1）阀门安装前应试压合格方可进行安装。仔细检查阀门的规格、型号是否与图纸相符，检查阀门各零件是否完好，启闭阀门是否转动灵活自如，密封面有无损伤等，确认无误后，即可进行安装。

（2）阀门安装时，其操作机构与操作地面的最宜距离为1.2 m左右，大致与胸口相齐。当阀门的中心和手轮与操作地面的距离超过1.8 m时，应为操作较多的阀门和安全阀设置操作平台。阀门较多的管道，阀门尽量集中在平台上，以便操作。

（3）水平管道上的阀门的阀杆，最好垂直向上，不宜将阀杆向下安装。阀杆向下安装，不仅不便操作和维修，还容易腐蚀阀门导致事故。落地阀门不要歪斜安装，以免操作不便。

（4）并排管线上的阀门，应有操作、维修、拆装的空位，其手轮间净距不小于100 mm，如管距较窄，应将阀门错开摆列。

（5）安装阀门时，靠近阀门的管子使用管钳，而阀门本身则使用普通扳手。同时，安装时，应使阀门处于半闭状态，以防止阀门发生转动和变形。

（6）安装端部采用螺纹连接的阀门，应使螺纹拧入阀门的深浅适宜。螺纹拧入过深压紧阀座，将影响阀座和闸板的良好配合；拧入过浅，将影响接头的密封可靠性，容易引进泄漏。同时螺纹密封材料应采用四氟乙烯生胶带或密封胶，注意不要把密封材料给到阀门内腔。

（7）对于法兰端部连接的阀门，首先要找正法兰的连接面，密封面垂直于管线，且螺栓孔要对正。阀门法兰应与管道法兰平行，法兰间隙适中，不应出现错口、倾斜等现象。法兰间心垫片应放置正中，不能偏斜。螺栓应对称均匀拧紧。防止在阀门安装时强制连接拧紧，产生一个附加残余力。

（8）为防止损伤阀门的密封面或堵塞阀门，安装前要彻底清除管子内壁及外部螺纹的污物，清除有碍介质流动和可能影响设备运转的毛刺、异物等，在管子连接前吹净管道中的污垢、渣及其他杂物。

（9）安装较重的阀门时（DN > 100 mm），应用起吊工具或设备，起吊绳索应系在阀门的法兰或支架上，不应系在阀门的手柄式阀杆上，以免损坏阀门。

4.3.3 潜水泵的组装

潜水泵按以下步骤组装：

1. 在装配前首先检查零件是否做气密试验，有无影响装配的缺陷，并清理毛刺、擦洗干净，方可进行装配。

2. 在压力机上用专用工具，将电动机定子压入马达本体。应注意不要损伤漆包线，并压装到位。

3. 将轴承用油加热到90℃，并装入主轴中。

4. 将装好轴承并冷却到室温的主轴装到中承座中（大功率电动机还要压紧轴承压盖）。

5. 在中承座上套O型圈，安装马达本体，并锁紧螺栓。

6. 将装好电缆及电缆密封装置的马达盖套上O型圈，放到马达本体上，将电缆接头与定子出线连接牢固（应注意接线型号），装好马达盖并锁紧螺栓。

7. 在中承座上装入机械密封静环，在轴上装机械密封动环，并在轴上装弹性挡圈。

8. 将O型圈套入油箱盖，将油箱盖装到中承座上，并锁紧螺栓。

9. 将机械密封静环装入油箱盖，机械密封动环装入主轴。

10. 依次装键、叶轮、止退垫片、叶轮螺母，并锁紧叶轮螺母，撬起止退垫片。

11. 将装好的部件内通入0.25 MPa的压缩空气，做气密试验，保压5 min不允许有渗漏现象。

12. 将装好密封环的泵体底盖装入泵体中，并锁紧螺栓。

13. 将做好气密试验的部件装入泵体中，并锁紧螺栓。

14. 在中承座中加足量的机油。

15. 将加油螺孔和试压螺孔可靠地堵塞。

4.4 泵房设施、设备的检查与维护

4.4.1 止回阀的检查与维护

止回阀是依靠流体本身的力量自动启闭的阀门，其作用是阻止介质倒流。它的名称很多，如逆止阀、单向阀、单流门等。

1. 止回阀的结构

止回阀按结构可分为以下两类。

（1）升降式止回阀。阀瓣沿着阀体垂直中心线移动。这类止回阀有两种：一种是卧式，装于水平管道，阀体外形与截止阀相似；另一种是立式，装于垂直管道。

（2）旋启式止回阀。阀瓣围绕座外的销轴旋转，这类阀门有单瓣、双瓣和多瓣之

分，但原理是相同的。

水泵吸水管的吸水底阀是止回阀的变形，它的结构与上述两类止回阀相同，只是它的下端是开敞的，以便可使水进入。

2. 止回阀的检查维护要求

（1）检查阀门的内腔和密封面，不允许有污物附着。

（2）检查连接螺栓是否均匀拧紧。

（3）检查阀板是否开启正常，阀门关闭后是否有漏水、回水现象，必要时进行维修更换。

4.4.2 Y型过滤器的检查与维护

Y型过滤器是在流体管路中，利用带有冲孔或编织网孔的滤网阻隔固体污物的装置。为了保证设备的正常运行，一般在泵、送料阀、控制阀、仪表、蒸汽疏水阀、透平机、空压机、电磁阀、减压阀、喷管、稳压器、燃烧炉、供暖机组和其他传感设备前面都要安装过滤器。

系统最初工作一段时间后，应进行清洗，以清除系统初始运行时积聚在滤网上的杂质、污物。此后，须定期清洗。清洗次数依据工况条件而定。若过滤器不带排污丝堵，则清洗Y型过滤器时要将滤网限位器以及滤网拆下。

每次维护、清洗前，应将Y型过滤器与带压系统隔离。清洗后，重新安装时要使用新的密封垫。Y型过滤器滤网要每年检查1~2次。

4.4.3 蝶阀的检查与维护

1. 蝶阀的结构与特点

蝶阀主要由阀体、阀门板、阀杆与驱动装置等组成，旋转手柄，驱动装置带动阀门板绕阀体内一根固定轴旋转，由旋转角度的大小达到启闭和节流的目的。

蝶阀的优点是结构简单，当阀门渗漏时，可通过更换橡胶密封圈即可修复。阀门开启、关闭迅速。由于蝶阀的上述特点，被大量使用在城市轨道交通的消防管路中。其缺点是不能用于精确调节流量，橡胶密封圈易老化而失去弹性。

2. 蝶阀常见故障及排除

（1）蝶阀在介质压力波动或超过调节流量范围使流速增加时，蝶板发生振动，出现噪声，严重时造成零件损坏，发生泄漏。因此，蝶阀不应超过范围调节流量，也不宜在压力波动大的管路中使用。

（2）蝶阀出现泄漏（内漏）的原因主要是密封圈老化失去弹性或损坏。老化或损坏的密封圈应及时更换，而不用对阀座或蝶板加工。蝶阀泄漏有时也与阀门装配有关，密封圈位置装配不当，使密封面压合力及弹性变形量小，不能保证密封。针对这种情况应调节密封圈的位置，使压合力及弹性变形量都适当，以保证阀门密封。

4.4.4 截止阀的检查与维护

截止阀是利用阀盘控制启闭的阀门。截止阀的主要启闭零件是阀盘和阀座，改变阀盘与阀座之间的距离，即可改变通道截面积大小，从而控制和截断流量。阀盘和阀座接触面均经过研磨配合，保证其关闭后的密封性。阀盘是由阀杆来控制的。阀杆顶端有手轮，中间有螺纹及填料函密封段。对于小型内螺纹截止阀，阀杆螺纹在阀体内；对于大型截止阀，则阀杆螺纹在阀体外面。当阀杆旋转时，它在螺母中做上下运动，所以可由阀杆露出阀盖的高度来判断阀门的开启程度。

截止阀是有方向性的，安装时必须注意，介质流动方向是由下向上流过阀盘，这样安装流体阻力小，开启省力，关闭后填料不接触介质。截止阀的特点是：操作可靠，开启关闭严密，易于调节或截断流量，但结构复杂，价格较贵，流体阻力较大，启闭缓慢。适用于管径小于或等于 50 mm 的管道上。

4.4.5 电动闸阀的检查与维护

电动闸阀简单地说就是用电动执行器控制阀门，从而实现阀门的开和关。其可分为上下两部分，上半部分为电动执行器，下半部分为阀门。气动阀门动作力矩比电动阀门大，气动阀门开关动作速度可以调整，结构简单，易维护，动作过程中因气体本身的缓冲特性，不易因卡住而损坏，但必须有气源，且其控制系统也比电动阀门复杂。

1. 维护保养方法

（1）电动阀门应存放于干燥通风的室内，通路两端须堵塞。

（2）长期存放的电动阀门应定期检查，清除污物，并在加工面上涂防锈油。

（3）电动阀门安装后，应定期进行检查，主要检查项目包括：密封面磨损情况；电动阀门检修装配后，应进行密封性能试验；阀杆和阀杆螺母的梯形螺纹磨损情况；填料是否过时失效，如有损坏应及时更换。

2. 不允许出现的现象

（1）不允许有松动现象。手轮上的紧固螺母，如发现松动应及时拧紧，以免磨损连接处或丢失手轮和铭牌。

(2) 不允许在运行中的电动阀门上敲打、站人或支承重物，特别是非金属电动阀门和铸铁电动阀门，更要禁止。

(3) 不允许用活扳手代替手轮，应及时配齐。填料压盖不允许歪斜或无预紧间隙。对容易受到雨雪、灰尘、风沙等污物沾染的环境中的电动阀门，其阀杆要安装保护罩。电动阀门上的标尺应保持完整、准确、清晰。电动阀门的铅封、盖帽、气动附件等应齐全完好，保温夹套应无凹陷、裂纹。

理论知识复习题

一、单项选择题（选择一个正确的答案，将相应的字母填入题内的括号中）

1. 稳压泵是消防泵的一种，用于（　　）的压力稳定。

A. 自动喷水灭火系统　　B. 消火栓给水系统

C. 自动喷水灭火系统和消火栓给水系统　　D. 以上答案都不对

2.（　　）和稳压泵都属于消防泵恒压设施。

A. 增压泵　　B. 水泵　　C. 化工泵　　D. 齿轮泵

3. 给排水系统的软连接主要用于水泵的（　　）处，作用是减少水泵启动时的震动对管件和阀门的影响。

A. 进口　　B. 出口

C. 进口和出口　　D. 进口或出口

4. 湿式报警阀是一种只允许水（　　）流入喷水系统并在规定流量下报警的一种阀门。

A. 单向　　B. 双向

C. 单向或双向都可以　　D. 以上答案不对

5. 车站消防设施应建立完善的巡视、检查、登记制度，每周至少巡视（　　）次。

A. 4　　B. 3　　C. 2　　D. 1

二、判断题（将判断结果填入括号中，正确的填“√”，错误的填“×”）

1. 稳压泵是消防泵的一种，用于自动喷水灭火系统和消火栓给水系统的压力稳定，使系统水压始终处于要求的压力状态，即运行在喷头和消火栓未曾出流时。（　　）

2．增压泵作为一种消防泵恒压设施，通常运行在喷头和消火栓未曾出流时。（　　）

3．给排水系统的软连接主要用于水泵的进出口处，作用是减少水泵启动时的震动对管件和阀门的影响。（　　）

4．水流指示器又称叶轮视镜，属直通视镜，是观察管道内介质流动情况的必要附件。（　　）

5．湿式报警阀是一种只允许水单向流入喷水系统并在规定流量下报警的一种单向阀。（　　）

理论知识复习题参考答案

一、单项选择题

1．C　　2．A　　3．C　　4．A　　5．D

二、判断题

1．√　　2．×　　3．√　　4．√　　5．√

第5章 电梯系统

学习完本章的内容后，您能够：

- ☑ 了解电梯的运行原理、各部件功能和原理
- ☑ 熟悉电梯的维护、保养范围、要求及标准
- ☑ 熟悉国家有关电梯安全管理的法律、法规

5.1 电梯的规格与分类

5.1.1 液压电梯的各类阀门

液压电梯是通过液压动力源，把油压入油缸，使柱塞向上，直接或间接地作用在轿厢上，使轿厢上行。下行是靠轿厢自重使油缸内的油返回油箱中。

1. 液压电梯的结构

液压电梯是机电、电子、液压一体化的产品，由以下相对独立但又相互联系配合的系统组成，如图5—1所示。

液压动力装置由电机、油泵、油箱及附属元件组成。油泵的输出压力一般为0～10 MPa，油泵的功率与油的压力和流量成正比。对同一油缸而言，油压越高，负载越大，流量越大，柱塞行程速度越快。

2. 液压电梯的阀门

液压系统由集成阀块（组）、止回阀、限速切断阀和油缸等组成。它们对电梯的起动、运动、减速、停止及紧急情况起着控制作用。

集成阀块（组）是液压控制的主要装置，其将流量控制阀（比例流量阀）、单向阀、安全阀、溢流阀、换向阀等组合在一起，控制输出流量，并有超压保护、锁定、压力显示等功能。集成阀块与止回阀实物如图5—2所示。

（1）止回阀为球阀，是油路的总阀，用于停机后锁定系统。

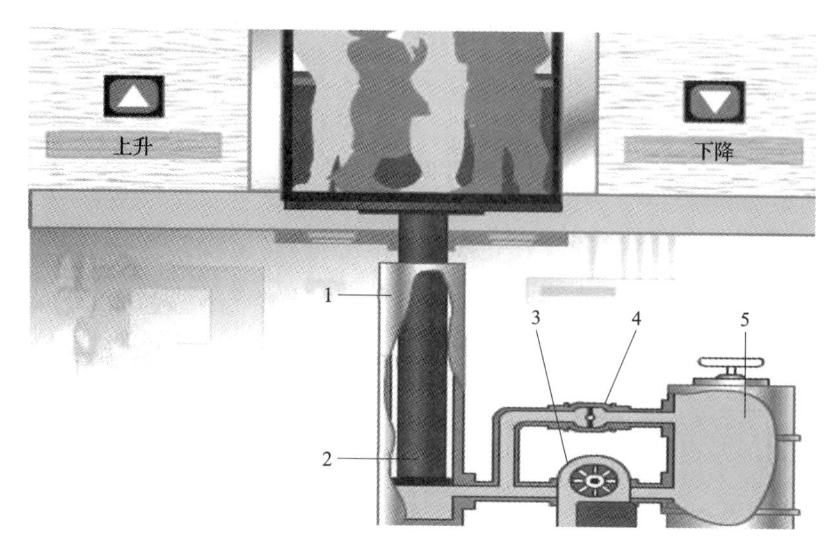

图 5—1　液压电梯的结构

1—缸体　2—储液罐　3—回转泵　4—阀门　5—液压油

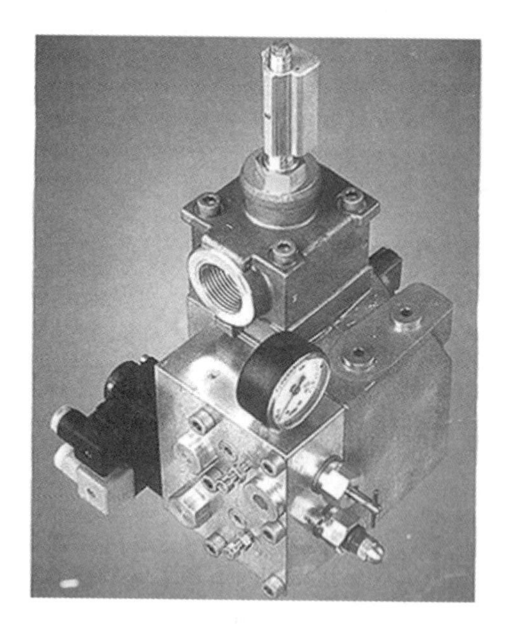

图 5—2　集成阀块与止回阀实物

（2）限速切断阀（亦称破裂阀）安装在油缸上，在油管破裂时，能迅速切断油路，防止柱塞和载荷下降。

（3）溢流阀是液压电梯中使用较多的压力控制阀，一般安装在泵站和单向阀之间，当压力超过一定值时，使油回流到油槽内。一般将溢流阀的动作压力调节在满负荷压力的140%～170%。溢流阀亦可作安全阀，当系统压力意外升到较高压力时，阀门开启将压力油排入油箱，起到安全保护作用。

(4) 限速切断阀是液压系统重要的安全装置，在油管破裂或其他情况使负载由于自重而超速下落时自动切断油路，使油缸的油不外泄而制止负载下落。

(5) 单向阀只允许液体向一个方向流动而不能反向流动。

(6) 换向阀（方向阀）是通过改变阀芯的位置，使与阀体相通的几个油路之间实现通断，从而达到改变油液流动方向的目的。

(7) 比例调速阀在调节流量时，使节流口的开度与流量成比例发生变化。常用的是贝林格 LRV－1 电液比例调节阀的全闭环节流调速系统。

3. 液压电梯的其他部件

油缸是将液压系统的压力能转化为机械能，推动柱塞带动轿厢运动的执行机构。油缸和柱塞一般用厚壁钢管制造。油缸壁要承受液体的压力，柱塞要承受电梯的总重量。

液压电梯上常用单个柱塞缸，为了提高行程，也有采用二级乃至多级的伸缩缸。

侧顶式液压电梯的柱塞（或油缸）端头应安装有导向装置，为防止柱塞脱缸，可以采用缓冲制动器或用一种机械联动机构来切断电源。

管路是液压系统中必不可少的附件，管路可以采用刚性的或柔性的，一般都采用刚性管件。其计算压力是满负荷的2.3倍，安全系数不小于1.7，计算壁厚时应加0.5～1.0 mm的腐蚀余量。

4. 液压电梯的特点

(1) 优点

1) 可有效利用建筑物空间，相比同规格的其他电梯，液压电梯的井道面积利用率更高，机房面积仅需5 m^2。

2) 安装和维修费用低。

3) 提升载荷大。

(2) 缺点

液压电梯与曳引式电梯相比具有以下缺点：

1) 受控制系统、动力系统及结构限制，液压电梯的速度较低，提升高度较低。

2) 液压电梯的驱动功率是同规格曳引式电梯的2～3倍，尽管泵站只在轿厢上行时运行。

5.1.2 自动扶梯的各类部件

自动扶梯是由一台特殊结构形式的链式输送机和两台特殊结构形式的胶带输送机所组成，带有循环运动梯路，用以在建筑物的不同层高间向上或向下倾斜输送乘客的固定电力驱动设备，是一种能连续不断运载人员上下的电梯，其结构如图5—3所示。

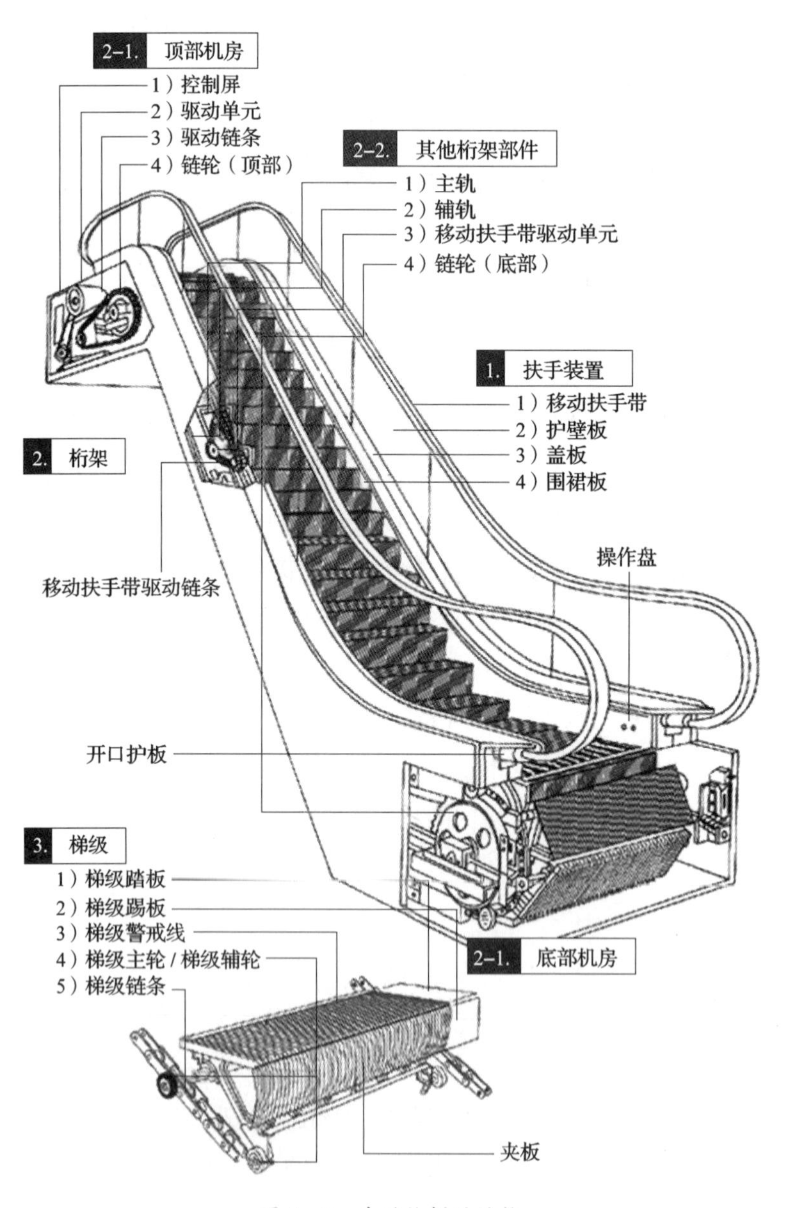

图5—3　自动扶梯的结构

1. 驱动装置和机房

驱动装置的作用是将动力传递给梯路系统及扶手系统，一般由电动机、减速器、制动器、传动链及驱动主轴等组成。驱动装置分为端部驱动装置和中间驱动装置两种。

（1）端部驱动装置。端部驱动装置是装在上分支水平直线区段末端使用链条的驱动装置，称端部驱动式。

小提升高度端部驱动自动扶梯使用内机房，当提升高度相当大时或有特殊要求时，端部驱动自动扶梯需要采用外机房，也就是驱动装置装在自动扶梯金属结构外建筑物的基础上。

驱动机组通过传动链条带动驱动主轴，主轴上装有两个牵引链轮、两个扶手驱动轮及传动轮。

常用的机组有蜗轮蜗杆减速器和立式蜗轮减速器，其优点是：运转平稳、嘈声小、便于修理。但蜗轮减速器的效率较低，增加了能源消耗。

（2）中间驱动装置。驱动机组装在下分支倾斜直线区段的称为中间驱动式。

此种结构节省了端部驱动装置所占用的空间，具有设备外形小、梯级齿条及扶手张力较小，扶手速度与梯级速度同步性好等优点。

2. 梯级

梯级是供乘客站立的特殊结构形式的四轮小车，各梯级的主轮轮轴与梯级连在一起，这样可以做到梯级在上分支保持水平，在下分支进行翻转。

3. 梯路导轨系统

由主轮、辅轮的全部导轨、反板、反轨、导轨支架及转向壁等组成。导轨系统的作用在于支承由梯级主轮和辅轮传递过来的梯路载荷，保证梯级按一定的规律运动及防止梯级跑偏等。

梯路是个封闭的循环系统，分成上分支和下分支。上分支用于运输乘客，是工作分支；下分支是返程分支，是非工作分支。

4. 扶手装置

扶手装置是供自动扶梯乘客扶手用的。扶手装置由扶手传动系统、扶手胶带、护壁板、围裙板、内外盖板、斜角板等组成。扶手装置是装在自动扶梯梯路两侧的两台特种结构形式的胶带机。

5. 张紧装置

张紧装置的作用是：使自动扶梯的牵引链条获得必要的初张力，以保证自动扶梯的正常运转；补偿牵引链条在运转过程中的伸长；牵引链条及梯级由一个分支过渡到另一分支的改向功能；梯路导向所必须的部件（如转向壁等）均装在张紧装置上。

6. 牵引构件

牵引构件是传递牵引力的构件。一台自动扶梯一般有两根构成闭合环路的牵引链条（或称梯级链）或牵引齿条。

7. 安全装置

（1）工作制动器是扶梯正常停车时使用的制动器，是依靠构成摩擦副的两者间的摩擦来使机构进行制动的一个重要部件。摩擦副的一方与机构的固定机架相连，另一方与机构的转动部件相连。当机构起动时，使摩擦副的两方松开，机构开始运转；当机构制动时，两摩擦副压紧制动轮，此时摩擦副与制动轮之间产生足够大的摩擦力矩，消耗动能，使机构减速直到停止运转。

工作制动器一般安装在电动机的高速轴上，能使扶梯或自动人行道在停止过程中匀减速度，直至停止运转，并能保持停止状态。

（2）紧急制动器是在紧急情况下使用的制动器。当扶梯上升时，扶梯梯路突然反向运转和超速向下运行时，紧急制动器动作，制停扶梯。

（3）速度监控装置是在扶梯超速或低于额定速度时，能切断扶梯电源的装置。

（4）张紧装置。张紧装置是牵引链条伸长或断裂的机械式保护设备。当链条发生异常时能切断扶梯电源。

（5）扶手胶带入口保护装置。在端部入口处发生异物触及扶手入口护套，带动杠杆触动安全开关，切断电源，使扶梯停机。

（6）梯级下沉保护装置。一旦发生支架断裂、主轮破裂、踏板断裂等现象时，会造成梯级下沉故障。下沉部位碰及检测杆带动安全开关触点，从而切断扶梯电源，避免发生重大人身伤亡事故。

（7）裙板保护装置。当异物进入裙板间隙后，裙板发生变形到一定程度时，能及时切断扶梯电源。一般裙板与梯级间保持一定的距离，单边不大于 4 mm，两边总和不大于 7 mm。

（8）超速监护装置在自动扶梯或人行道运行速度超过额定速度 1.2 倍时动作，使自动扶梯或人行道停止运行。

（9）公共交通型的自动扶梯或自动人行道，制造厂商没有提供扶手带破断载荷不小于 25 kN 的证明时，应设扶手带断带保护装置，当扶手带断裂时，能使自动扶梯或自动人行道停止运行。

（10）电器保护装置有电机过流、过载保护装置、缺相保护装置、急停按钮。

5.1.3 楼梯升降机系统的各类部件

电梯一般由其所依附的建筑物和具有不同功能的八个系统组成。

电梯所依附的建筑物有机房和井道，其八个系统为：曳引系统、导向系统、轿厢、门系统、重量平衡系统、电力拖动系统、电气控制系统和安全保护系统，见表5—1。

表5—1　楼梯升降机系统

名称	功能	主要构件与装置
曳引系统	输出与传递动力，驱动电梯运行	曳引机、曳引钢丝绳、导向轮、反绳轮等
导向系统	限制轿厢和对重的活动自由度，使轿厢和对重只能沿着导轨做上、下运动	轿厢的导轨、对重的导轨及其导轨架
轿厢	用以运送乘客和（或）货物的组件	轿厢架和轿厢体
门系统	乘客或货物的进出口，运行时层、轿门必须封闭，到站时才能打开	轿厢门、层门、开门机、联动机构、门锁等
重量平衡系统	相对平衡轿厢重量以及补偿高层电梯中曳引绳长度的影响	对重和重量补偿装置等
电力拖动系统	提供动力，对电梯实行速度控制	曳引电动机、供电系统、速度反馈装置、电动机调速装置等
电气控制系统	对电梯的运行实行操纵和控制	操纵装置、位置显示装置、控制屏（柜）、平层装置、选层器等
安全保护系统	保证电梯安全使用，防止一切危及人身安全的事故发生	限速器、安全钳、缓冲器和端站保护装置、超速保护装置、供电系统断相错相保护装置、超越上下极限工作位置的保护装置、层门锁与轿门电气联锁装置等

1. 曳引系统

曳引系统是电梯的动力传递系统。

曳引机由电动机、联轴器、制动器、减速箱、机座、曳引轮等组成，它是电梯的动力源。曳引钢丝绳的两端分别连接轿厢和对重（或两端固定在机房上），依靠钢丝绳与曳引轮绳槽之间的摩擦力来驱动轿厢的升降。

导向轮的作用是分开轿厢和对重的间距，采用复绕型时还可增加曳引能力。导向轮安装在曳引机架上或承重梁上。当钢丝绳的绕绳比大于1时，轿厢顶和对重架上应增设反绳轮，反绳轮的个数可以是1个、2个，甚至是3个，这与曳引比有关。

2. 导向系统

导向系统由导轨、导靴和导轨架等组成。

（1）导轨。导轨固定在导轨架上。导轨架是支承导轨的组件，与井道壁连接。导轨的作用是限制轿厢和对重的水平位移，为轿厢和对重做垂直运动时导向，使轿厢和对重只能沿着导轨做升降运动。在安全钳动作时，导轨作为支承件吸收轿厢和对重的动能，并支承轿厢和对重。

常用的导轨有T型导轨、空心导轨和热轧型钢导轨。其中，空心导轨只能用于没有安全钳的对重导向，热轧型钢导轨只能用于速度不大于0.4 m/s的电梯，而T型导轨能广泛用于各种电梯。

（2）导靴。导靴安装在轿厢上梁和轿底的安全钳座下面，对重导靴安装在对重架的上部和底部，一般每组四个。导靴与导轨配合，强制轿厢和对重的运动局限于导轨的直立方向做上、下运动。

导靴有固定滑动导靴、弹性滑动导靴和滚动导靴三种。

固定滑动导靴的靴头是固定的，故在电梯运行中，尤其是靴衬磨损较大时会产生一定的晃动。所以只能用于对重和速度低于0.63 m/s的货梯。

弹性滑动导靴由靴座、靴头、靴衬、靴轴、弹性元件和调节螺母等组成。其靴头和靴衬在靴轴方向有一定的伸缩弹性，工作时靴衬由于弹性元件的压力始终顶在导轨的顶面上，因而可以吸收一定的震动。

上述两种导靴的靴衬和导轨间是滑动摩擦，故需要在摩擦面上进行加油润滑。

3. 轿厢

轿厢是电梯用以运送人员和物资的厢形空间，由轿厢架、轿厢体及有关构件和装置组成。

轿厢架是轿厢体的承重构架，由上横架、立柱、底架和斜拉杆等组成。

轿厢体由轿厢底、轿厢壁、轿厢顶及照明、通风装置、轿厢装饰件和轿内操纵按钮板等组成。轿厢体空间的大小由额定载重量和额定载客量决定。

各类电梯的轿厢基本结构相同，但是由于用途不同，其在具体结构和外形上也有一定的差异。

4. 门系统

电梯有层门和轿厢门。层门设在层站入口处，由门扇、门导轨架、门靴和门锁装置及应急开锁装置组成。层门数与层站出入口相对应。轿厢门与轿厢随行，是主动门，层门是被动门。

开门机构安装在轿顶的门口处，由门机通过传动机构带动轿门。到层站时轿门上的门刀卡入层门门锁的锁轮，在轿门开启时打开门锁并带动层门同步水平运动。

电梯的开门和关门过程中，门扇的运动不是匀速的。一般开门时速度是先慢后快再慢，而关门时是先快后慢再慢，所以门机必须有调速装置。

5. 重量平衡系统

该系统由对重和重量补偿装置组成。

对重的总重量：

$$W = G + KQ$$

式中 W——对重装置的总重量，kg；

G——轿厢自重，kg；

K——平衡系数，0.4～0.5；

Q——额定载重量，kg。

对重由对重架和对重块组成。它是曳引驱动不可缺少的部分，它还平衡轿厢的重量和部分载荷重量，减少了电机的功率。对重装置位于井道内，通过曳引轮与轿厢连接。

电梯在运行时，轿厢侧和对重侧的钢丝绳以及轿厢下的随行电缆的长度在不断变化。设置重量补偿装置就是为了减少电梯运行中由于钢丝绳和随行电缆长度的变化造成曳引轮两侧的张力差，提高曳引性能。

6. 电力拖动系统

该系统由牵引电机、供电装置、速度反馈装置、调速装置等组成，作用是对电梯实行速度控制。

（1）牵引电机是电梯的动力源，根据电梯配置可用交流电机或直流电机。

（2）供电系统是为电动机提供电源的装置。

（3）速度反馈装置为调速系统提供电梯运行速度信号，一般采用测速发电机或速度脉冲发生器与电机相连。

（4）调速装置对牵引电机实行调速控制。

7. 电气控制系统

电梯的电气控制主要是对各种指令信号、位置信号、速度信号和安全信号进行管理，并对拖动装置和开门机构发出方向、起动、加速、减速、停车和开门、关门信号，使电梯正常运行或处于保护状态，并发出各种显示信号。

目前，站内的电梯都是采用集选控制。

8. 安全保护系统

（1）防止越层的保护装置。防止越层的保护装置一般由设在井道内上、下端站的强迫换速开关、限位开关和极限开关组成。这些开关都固定在导轨的支架上，由安装在轿厢上的撞杆触动而动作。

防越层保护装置只能防止在运行中因控制系统故障造成的越层。若是由于曳引绳打滑或制动力矩不足造成的轿厢越层，上述保护装置是无能为力的。

（2）限速器。为了防止电梯由于控制失灵、牵引力不足及超载造成曳引绳断裂导致轿厢超速和坠落，必须设置上行超速和下行超速保护装置（限速器）。

限速器按动作原理可分为摆锤式和离心式两种，较常用的是夹绳（离心）式。

摆锤式限速器的动作过程是：轿厢在运行时，通过限速器绳头拉动限速器绳，使限速器绳轮和连在一起的凸轮和制动轮（棘轮）同步转动。电梯速度越快摆锤的摆动幅度越大。当轿厢超速运行时，摆锤摆动幅度加大，触动超速开关，切断电梯安全回路，使电梯停止运行。如超速开关动作后电梯继续向下（向上）运行，当超过额定速度115%后，因摆锤摆动幅度进一步加大，棘爪卡入制动轮中，使制动轮和连在一起的限速器绳轮停止转动，限速器绳和绳槽之间的摩擦力使限速器绳不能再随轿厢一起运动。由于轿厢继续下行（上行），通过限速器绳头拉动安全钳联动机构，将安全钳的楔块提起卡住导轨，使轿厢制停。

（3）门锁。每个层门都应设置门锁装置，其锁紧动作应当由重力、永久磁铁或弹簧来产生和保持，即使永久磁铁或弹簧失效，重力亦不能导致开锁。

在轿门电机驱动层门的情况下，当轿门关到位后，门锁钩啮合深度不小于7 mm时，电气安全触点才能接通，电梯才能起动。

（4）缓冲器。电梯失控、曳引力不足或制动器失灵等导致轿厢或对重蹲底时，缓冲器将吸收轿厢或对重的动能，以保护人员和设备的安全。缓冲器分为耗能型缓冲器（适用于速度1.00 m/s以上的电梯）和蓄能型缓冲器（适用于速度1.00 m/s以下的电梯）。

5.2 电梯系统的运行管理

随着城市经济的不断发展和人们生活水平的提高，作为垂直交通工具的电梯与人们的生活密切相关。电梯已成为城市交通的重要组成部分，尤其是地铁站内的电梯已是乘客上、下行的重要代步工具。然而，如果电梯的制造、安装和维保质量达不到标准，或者使用不当、管理不善，都会造成电梯故障，影响其正常使用，严重时甚至会造成人身伤害事故，因此国家十分重视对电梯的监督管理。国务院、国家质监总局和上海市政府先后颁布了《特种设备安全监察条例》、《特种设备质量与安全监察规定》和《上海市电梯安全管理办法》，以严密的法规、条例与具体的办法来约束、规范电梯设备的管理工作和电梯维保单位的质量，确保电梯的安全运行。

电梯投入使用后，首先要落实的一项管理措施就是必须明确电梯使用单位与委外电梯维保单位的职责范围，明确相关使用管理人员的责任，制定相应的使用管理制度和人员岗位责任制，并应设专门的电梯安全管理员，不能出现“以包代管”的情况。

5.2.1 运营管理的有关规程和制度

1. 电梯设备主要负责人岗位职责

（1）自觉贯彻执行国家安全生产法律、法规的规定，对本单位电梯使用安全负责。

（2）负责组织制定电梯的安全使用制度，制定电梯应急处置预案和组织应急处置演练。

（3）负责配置电梯专职安全管理员，并按国家规定参加专业培训，使其持证上岗。

（4）负责向特种设备管理部门办理电梯的注册登记，并按规定日期申报电梯年检。

（5）监督并配合电梯的安装、改造、维修和维保工作。

（6）电梯发生故障困人时应及时安抚乘客，按照应急处置预案组织维修人员实施救援。

（7）发生电梯事故时，按照应急处置预案组织应急救援、排险和抢救、保护现场并立即报告事故所在地的特种设备安全监督管理部门和有关单位。

2. 电梯安全管理员岗位职责

（1）进行电梯运行日常巡视，记录电梯日常使用状况。

（2）制定和落实电梯的定期年度检验计划。

（3）检查电梯的安全合格使用证、注意事项和警示标志，应保持齐全和清晰。

（4）妥善保管电梯钥匙和安全警示牌。

（5）发现电梯运行事故隐患需要停止使用的，有权作出停止使用的决定，并立即报告本单位负责人。

（6）接到电梯故障困人报警时，应立即赶赴现场安抚乘客，组织维修人员实施解困救援。

（7）对电梯安装、改造、维修和维保工作实施监督，对维保单位的维保记录签字确认。

5.2.2　自动扶梯操作规程

1．运行前、运行时、紧急停止运行

（1）自动扶梯的定期检验合格证是否完好清晰。

（2）检查自动扶梯的入口处警示标志应完好无损。

（3）可重复开关自动扶梯的紧急停止开关，检查其是否可靠有效。

（4）检查自动扶梯入口处的自动扶梯运行方向显示标志是否有效。

（5）检查梳齿板，不应断齿、缺齿。如有断齿、缺齿现象，应及时通知电梯维保单位更换受损梳齿板。

（6）检查围裙板与梯级的间隙，单边间隙不大于 4 mm，两边间隙总和不大于 7 mm；梯级不得摩擦围裙板，发现超标应及时通知维修单位调整。

（7）应检查运行中扶梯的两侧扶手带速度与梯级速度的同步状态。乘上扶梯，同时，双手握住扶手带乘完扶梯全程，是否有扶手带速度滞后于梯级速度的现象，甚至于手能将扶手带拉住停止不前。此时应立即通知维保单位前来调整扶手带的松紧。

（8）检查自动扶梯与建筑物夹角处的警示牌应完整无损。

（9）扶手带入口保护装置是否可靠有效（非自动复位开关请维保人员验证）。

2．钥匙的管理

（1）电梯设备主要负责人对钥匙的保管和安全使用负责。

（2）电梯设备主要负责人负责制定钥匙保管和领用办法。

（3）电梯设备主要负责人负责督促落实钥匙安全使用的警示措施。

（4）电梯设备主要负责人负责与电梯维保人员明确使用钥匙的安全责任，移交时确认钥匙的完好与数量。

（5）未经专业培训合格者，不得擅自使用钥匙。

3. 自动扶梯使用制度

(1) 发生火灾情况时。首先及时告知乘客停止使用自动扶梯，在按电梯紧急停止按钮前，必须告诫乘客抓紧扶梯的扶手，以免因电梯急停的惯性引发乘客摔倒，造成踩踏、挤压事故的发生。接着切断电梯电源。最后在火警后，经维保单位确认设备安全可靠后，方可使用。

(2) 发生浸水情况时。首先告知乘客暂停使用自动扶梯，提醒乘客抓紧扶手，再得到乘客确认反馈后按下紧急停止按钮，以免发生因扶梯骤停造成乘客重心不稳而摔倒，引发次生灾害。接着切断电源，以免造成电源短路，引发触电事故。然后对水源进行控制处理。最后在电梯浸水后，经维保单位确认设备安全可靠后，方可重新投入使用。

(3) 发生地震时。自动扶梯应立即停止使用，因地震有可能造成建筑物基础变形引发自动扶梯金属构架变形，使自动扶梯骤停造成乘员跌倒形成踩踏、挤压事故。

理论知识复习题

一、单项选择题（选择一个正确的答案，将相应的字母填入题内的括号中）

1. 热轧型钢导轨只能用在（　　）。

A. 货梯　　B. 对重

C. 速度不大于0.4 m/s的电梯　　D. 自动扶梯

2. VVVF是指（　　）调速电梯。

A. 交流调压　　B. 交流变极

C. 交流变频变压　　D. 直流调压

3. 电梯的开门和关门过程中，门扇的运动不是匀速的，一般开门速度是先慢后快再慢，关门速度是（　　），所以门机必须有调速装置。

A. 先慢后快再快　　B. 先快后慢再慢

C. 先快后慢再快　　D. 先慢后快再慢

4. 电梯的平衡系数一般取（　　）

A. 0.4　　B. 0.5~0.7　　C. 0.3~0.4　　D. 0.4~0.5

5. 供电电压相对于额定电压的波动应（　　）的范围。

A. ±6%　　B. ±10%　　C. ±8%　　D. ±7%

6. 附加制动器应在自动扶梯速度超过额定速度（　　）倍之前和在梯级、踏板改变其规定运行方向时动作。

A. 1.2　　　B. 1.4　　　C. 1.5　　　D. 1.8

二、判断题（将判断结果填入括号中，正确的填“√”，错误的填“×”）

1. 电梯门防止撞夹的保护装置形式有接触式、光电式、感应式三种。（　）

2. 蓄能型缓冲器用于速度不大于 1.00 m/s 的电梯，耗能型缓冲器用于速度 1.00 m/s 以上的电梯。（　）

3. 电梯的基本要求是价格便宜，方便舒适。（　）

4. 自动扶梯的梯路是个封闭的循环系统，分成上分支和下分支，上分支是工作分支，下分支是非工作分支。（　）

5. 电梯中常用的导靴有固定滑动导靴、弹性滑动导靴。（　）

6. 电梯所依附的建筑物有机房和井道，其八个系统是曳引系统、导向系统、轿厢系统、门系统、重量平衡系统、电力拖动系统、电气控制系统、安全保护系统。（　）

理论知识复习题参考答案

一、单项选择题

1. C　2. C　3. B　4. D　5. D　6. B

二、判断题

1. √　2. √　3. ×　4. √　5. ×　6. √

第6章

屏蔽门系统

学习完本章的内容后，您能够：

- ☑ 了解屏蔽门系统的结构原理
- ☑ 熟悉屏蔽门系统的组成及功能
- ☑ 熟悉屏蔽门系统的运行管理

6.1　基础知识

6.1.1　屏蔽门系统概述

屏蔽门（Platform Screen Door，PSD）设备是20世纪80年代末在世界部分国家和地区出现的一种先进的环控模式。屏蔽门在整个站台长度上将车站的站台区域与轨道区间分隔开来，它是环控系统气流组织的一个不可缺少的物理屏障，也是事故工况气流导向的重要组成部分。

1987年新加坡的地铁一期和二期首次采用屏蔽门系统，也是世界上最早的屏蔽门运行线路。随后，1998年中国香港机场快线、1999年马来西亚吉隆坡LRT2、1999年英国伦敦JUBILEE延长线等都相继安装了屏蔽门。

随着屏蔽门系统设备技术的日益成熟，它在地铁系统及别的系统的节能等各方面的优越性日渐明显。目前为止，世界上已有8个国家共21条地铁、轻轨及铁路系统中正在运营或规划的新线、改造旧线的过程中使用了屏蔽门系统。屏蔽门系统带来明显的节能效果以及站内良好的候车环境及空气质量，给乘客留下了深刻的印象，像近年来香港进行的旧线改造工程、广州地铁2号线、上海轨道交通1号线工程等。很多新建的轨道交通线路也开始安装屏蔽门。有关屏蔽门的供货商也在逐渐发展起来，英国Westinghouse、法国Faiveley、Nabco、瑞士KABA四家公司都已经承担过一些地铁线路的屏蔽门工程，也是当今世界上安装、设计、制造屏蔽门最有经验的几家公司。

从目前各国设置的屏蔽门系统来看，主要有两种类型。第一类屏蔽门（见图6—1）是一道自上而下的玻璃隔墙和滑动门，沿着车站站台边缘和两端头设置，把站台乘客候车区域与列车进站停靠区域分隔开，属于全封闭型。这种形式的屏蔽门一般是地下车站所采用的，其主要功能是增加车站站台的安全性、节约能耗以及加强环境保护。

图6—1　第一类屏蔽门

第二类屏蔽门系统是一道上不封顶的玻璃隔墙和滑动门，属于半封闭型，其安装位置与第一种方式基本相同，造价比第一种要低，一般用于地面和高架车站。日本东京地铁南北线和东京多摩线就安装有这种类型的屏蔽门。这种类型的屏蔽门系统比第一种类型的屏蔽门相对简单，高度比第一种屏蔽门低矮，空气可以通过屏蔽门上部流通。因此它相对第一种屏蔽门来说，主要起了一种隔离作用，提高了站台候车乘客的安全性，从此意义上说可以称其为“安全门”。

地铁作为城市交通的工具，其主要功能是减轻地面交通工具的压力，具有方便、快捷、准时的特点，有一定的客流吸引力。而屏蔽门则在保护乘客安全、节省环控系统运营能耗、改善站台候车环境方面具有明显效果。

地铁中的屏蔽门系统具有如下优点：

1．屏蔽门系统安装在站台边缘，将站台公共区与隧道区间完全隔离，消除了车站与轨道区间的热量交换，降低了环控系统的运营能耗。

2．屏蔽门系统的设置杜绝了乘客因特殊情况掉下站台等事故的发生。

3．屏蔽门系统降低了车站噪声及活塞风对站台候车乘客的影响，提高了候车环境的舒适度。

4．屏蔽门系统为轨道交通实现无人驾驶创造了必要条件。

5. 屏蔽门系统使地铁的正常运营得到了保证，可以大大减少因车站站台事故而延误运营。

在我国各条未装设屏蔽门的地铁线路上，都有数量不等的不安全事故发生，并随着客流量的增长及运营时间的推移，不安全事故的隐患会越来越多。为减少能耗，降低运营费用，保证乘客候车安全，提高地铁服务水平和环境质量，在地铁线路上加装屏蔽门系统也显得非常必要了。

6.1.2 列车自动控制系统

该系统自动控制列车行驶，保障列车安全及指挥列车驾驶。屏蔽门系统与列车自动控制系统设有通信接口，保证列车及乘客的安全。

列车自动控制（ATC - Automatic Train Control）系统分为列车自动防护（ATP）系统、列车自动驾驶（ATO）系统、列车自动监督（ATS）系统和计算机联锁（CI）系统。ATC 必须包括列车自动防护系统，可以包括列车自动监督系统和列车自动驾驶系统。

1. 列车自动防护（ATP - Automatic Train Protection）系统

列车自动防护系统作为列车自动控制系统 ATC 的子系统，通过列车检测、列车间隔控制和联锁（联锁设备可以是独立的，也可以包含在 ATP 系统中）等实现对列车相撞、超速和其他危险故障的安全防护。

2. 列车自动监督（ATS - Automatic Train Supervision）系统

作为列车自动控制系统 ATC 的子系统，列车自动监督系统监督列车、自动调整列车运行以保证时刻表，提供调整服务的数据以尽可能减小列车未正点运行造成的不便。

3. 计算机联锁（CI - Computer Interlocking）系统

利用计算机对车站作业人员的操作命令及现场表示的信息进行逻辑运算，从而实现对信号机及道岔等进行集中控制，使其达到相互制约的车站联锁设备，即微机集中联锁。

6.1.3 监视器

屏蔽门监视器（PSD remote alarm panel，PSA）用于监视屏蔽门系统的状态、诊断屏蔽门故障、运行记录下载、软件重载等。

6.1.4 门控制器

门控制器（DCU - Door Control Unit）是滑动门电器控制装置，每个滑动门均应配置一个 DCU，并安装在门体上部的顶盒内，并具有足够的存放数据和软件的存储单元，具有自诊断功能。

6.1.5 控制系统

屏蔽门控制系统是一个对屏蔽门进行实时监控管理的计算机网络系统，所以应具有高速性、实时性和可靠性。

屏蔽门控制系统以两侧站台屏蔽门为控制对象，构成一个完整的控制系统，确保任一侧屏蔽门的故障不影响另一侧屏蔽门的正常运行；单侧某一樘门的故障不影响其他门的正常运行。

屏蔽门控制系统与信号系统的接口采用硬线连接的方式；与 EMCS 系统的接口采用串行通信连接方式。

屏蔽门控制系统由屏蔽门主控机（PSC）、屏蔽门前端控制盘（PSL）、屏蔽门紧急控制盘（PEC 或称 IBP 盘）、门控制器（DCU）、就地控制盒（LCB）组成。屏蔽门主控机是整个屏蔽门系统的核心，收集并处理来自各个监控点的控制、状态、事件信息，并将处理后的控制、状态、事件信息传向各个监控点。屏蔽门前端控制盘是列车驾驶员操作屏蔽门系统的设备，用于在非正常状态下或紧急状态下，由列车驾驶员实现对屏蔽门的操作。门控制器是现场控制单元，执行来自屏蔽门主控机的控制命令，收集来自现场及自身的状态信息，并将此信息传向屏蔽门主控机。屏蔽门控制系统通过通讯网络及硬线进行连接，形成一个功能完善的控制及监视系统。

6.1.6 主控机

屏蔽门主控机（PSD system control machine，PSC）是屏蔽门控制系统的核心，除了在选型上要确保高质量、高档次机型外，在系统结构的设计上，也要确保高可靠性和无停机时间。

PSC 应设置在屏蔽门设备室内，采用工业控制计算机或高性能 PLC。

为提高本系统的可靠性，PSC 的主要部件（如 CPU 板、电源、网络卡）宜采用设备冗余技术，当某部件发生故障时仍能保持系统正常工作；存储重要数据的存储器配有电池保护，不因瞬间掉电而丢失数据；连接各站台侧 DCU 的总线网络接口板互相独立；CPU 板及电源、总线网络接口板可带电插拔；PSC 应具有足够的存放数据和软件的存储单元，以确保系统能够正常高速运行，并具有运行监视功能和自诊断功能。

为便于故障维修和系统调试，PSC 应具有人机界面，并留有与手提电脑和手提式编程器的接口。PSC 系统应具有与信号系统、EMCS 的数据交换接口，与通信系统时钟应有接口。

PSC 的技术要求有：输入电源应具有过流、过压保护，应具有抗震、防尘、防潮及抗电磁干扰要求，并应满足在地铁环境条件下正常运行的要求，防护等级 IP54。

1．PSC 盘面上应具有状态及故障指示（见图6—2）：

（1）开门状态指示灯（绿色）。

（2）PSL 操作允许状态指示灯（绿色）。

（3）PSD 全关闭状态指示灯（绿色）。

（4）PSD 互锁解除报警指示灯（红色）。

（5）PSD 关门故障指示灯（红色）。

（6）PSD 开门故障指示灯（红色）。

（7）网络故障指示灯（红色）。

（8）供电电源故障指示灯（红色）。

（9）故障复位按钮指示灯（绿色）。

（10）PSC 盘面灯测试按钮（绿色）。

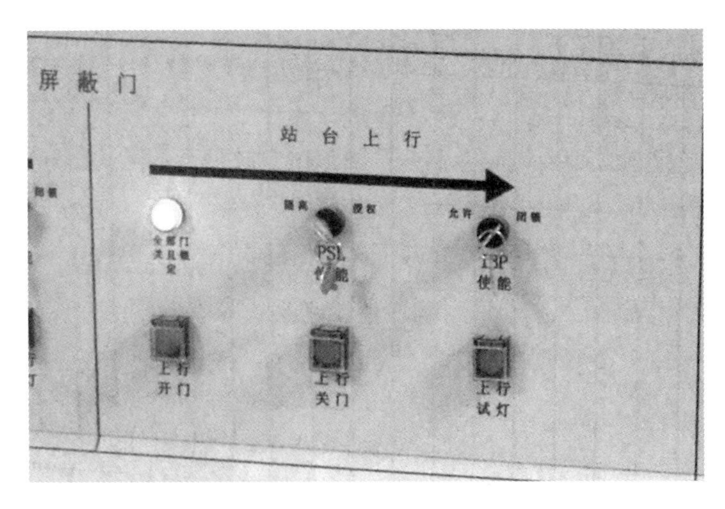

图 6—2　PSC 盘面实物

2．PSC 的基本功能

（1）SIG 和 EMCS 的通信功能。

（2）接收各樘滑动门的状态信息（开/关门、故障）。

（3）将滑动门的状态信息传送至各显示点。

（4）接收各控制点的控制信息。

（5）对每樘滑动门分别进行开/关控制（在调试时由调试软件完成）。

（6）对每樘滑动门分组进行开/关控制（在调试时由调试软件完成）。

（7）对一侧滑动门进行开/关控制（在调试时由调试软件完成）。

（8）对供电系统重要参数进行检测和显示，对电源及滑动门的故障进行记录。

（9）对各控制点开关门的情况进行记录。

（10）系统监控管理功能。

6.1.7 控制器局域网

屏蔽门控制系统应采用网络技术，按照控制系统向分散化、网络化、智能化发展的要求，把挂接在网络上、作为网络节点的各设备，连接为网络集成式的全分布控制系统，以实现对屏蔽门的控制、参数修改、报警、显示、监视等综合自动化功能。

在一个屏蔽门控制系统中，PSC、PSL、PSA 和 DCU 通过网络总线构成开放的网络系统，它们可同时传送数据。

网络拓扑结构是总线型拓扑结构，也可以是环型或双环型拓扑结构，标准采用国际标准，并应满足地铁环境的电磁兼容性要求，应具有先进性、可靠性，采用成熟产品。

6.1.8 诊断软件

软件的设计应遵循可靠性、可维护性、安全性的原则，并可以进行升级，具有友好的人机界面和报表形式、简明的操作指导信息，在负荷增加40%的情况下应能正常工作。

软件应具有自诊断功能，系统软件接口协议应采用国际标准协议，数据响应时间不超过300 ms，配置综合测试和诊断软件包，可诊断系统内各种设备故障，故障标志到模块级，可以在线诊断数据的通信功能。

6.2 屏蔽门系统的组成、功能及设备

6.2.1 屏蔽门系统级（运行模式、火灾控制模式、控制的优先级）

为了保证屏蔽门系统在正常和非正常状况下的安全和可靠运行，以及在紧急状况下，保证乘客安全疏散，地铁屏蔽门系统采用正常运行模式（系统级控制）、非正常运行模式（站台级控制）和紧急运行模式（手动操作控制）三种运行模式。三种运行模

式以手动操作控制优先级最高，站台级控制次之，系统级操作控制最低。

1．正常运行模式（系统级控制）

系统级控制为正常运行模式，用于在系统正常情况下，列车到站并且停在允许的误差范围内时，屏蔽门接受 ATC 指令自动控制或经列车司机确认后控制滑动门的打开及关闭。开关门流程如图 6—3 所示。

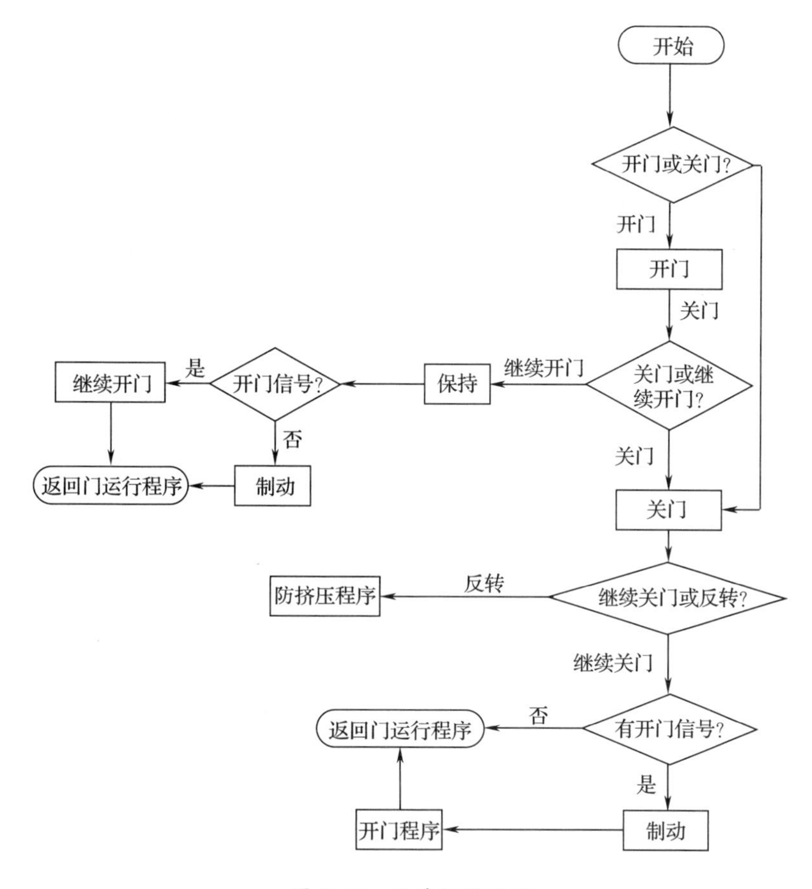

图 6—3　开关门流程图

（1）开门操作。当列车停站，信号系统确认列车停止位置在允许的范围内时，通过屏蔽门主控机发出开门指令，门控制器接收到开门命令后，执行解锁、开门的顺序操作。

（2）关门操作。当列车离站时，信号系统通过屏蔽门主控机向门控制器发出关门命令。门控制器收到关门命令后，执行关门、闭锁等顺序操作。在所有屏蔽门关闭后，屏蔽门主控机向信号系统发出所有门关闭且锁定的信号，允许列车离站。

（3）关门障碍物探测。在滑动门的关门运动循环过程中探测到障碍物时，滑动门立即停止并且再打开一段距离（此范围可调），打开后进入停止时间段（在0～5 s内可调），经过这段时间后，滑动门将自动再关闭。如果障碍物仍然存在，这个过程可执行多次（次数在2～5次范围内可调），然后滑动门将打开至全开的位置保持静止，通知屏蔽门主控机将发出“障碍物探测”报警信号。等清除障碍物后，站务员手动关闭且锁定该滑动门。

2. 非正常运行模式（站台级控制）

当系统级控制不能正常运行时，如列车停车不准确、信号系统故障、信号系统与屏蔽门系统通信中断等非正常情况下，列车司机可通过站台端头控制盒（PSL）打开或关闭滑动门，实现屏蔽门的站台级操作。

（1）开门操作。列车司机先打开PSL上的钥匙开关，然后操作PSL的开门按钮，发出开门命令，门控制器接收到开门命令后，执行解锁、开门等顺序操作。

（2）关门操作。由列车司机操作PSL的关门按钮，发出关门命令，门控制器接收到关门命令后，执行关门、闭锁等顺序操作。在所有屏蔽门关闭后，PSL向信号系统发出所有门关闭且锁定的信号，允许列车离站。司机将PSL上的钥匙开关关闭。

（3）屏蔽门关闭后无法发车。当所有屏蔽门已关闭，但信号系统仍然不能确认时，列车无法离站。此时，可由列车司机操作PSL上的互锁解除开关，发出强制发车信号，允许列车离站。

3. 紧急运行模式（手动操作控制）

当正常运行模式（系统级控制）、非正常运行模式（站台级控制）均不能操作滑动门时，在站台侧，由站台工作人员用专用钥匙打开滑动门；在轨道侧，由司机通过车内广播通知乘客使用滑动门上的手动解锁把手自行开启滑动门。在紧急运行模式下，如火灾模式等情况下，可由车站值班员操作车控室的PEC或IBP盘控制滑动门的打开和关闭。

6.2.2 屏蔽门系统门体结构

1. 支承结构

支承结构主要由底部支承部件、立柱、横梁、支柱、顶部高度调节装置、固定支座、绝缘衬垫、连接螺栓等构件组成，主要材料为低碳钢构件，表面镀锌防腐处理。

支承结构的作用：作为整个屏蔽门系统部件的支承骨架，承受屏蔽门的垂直载荷、隧道通风系统产生的风压、列车运行活塞风形成的正负水平载荷、乘客挤压力和地震力、震动等载荷；底部支承装置部件与底部预埋槽钢配合，实现纵向调整；顶部自动伸缩装置与立柱连接，实现高度方向 ±30 mm 的调整，通过顶部方形垫板上的弧形孔和预埋件的纵向导槽实现前后左右的位置调整。

2. 踏步板

踏步板材料为铝合金型材。

踏步板的作用：作为滑动门的底部导向装置，限制滑动门的自由度，同时作为乘客通过的踏面，能够承受乘客载荷。

踏步板的乘客载荷设计按在乘客活动区域 9 人/m^2、75 kg/人计算。

3. 滑动门（Automatic Slide Door，ASD）

滑动门为中分双开式门，关闭时隔断站台和轨道，开启时供乘客上下列车，在非正常运行模式和紧急运行模式下，也可作为乘客的疏散通道。

滑动门的运动学性能：

（1）滑动门的总行程一般为 2 000 mm，即单扇滑动门的行程为 1 000 mm。

（2）滑动门的开启/关闭时间为 1.5 ~ 3.5 s，按各地铁线路实际车型的车门开关时间调整。一般要求实际开/关门时间和设计给定时间之差小于 0.1 s。

（3）为避免滑动门关闭时撞击乘客可能造成的有害结果，每扇滑动门运动的最大动能宜不超过 10 J。

（4）在滑动门关闭过程中，最后 100 mm 行程为慢速爬行区，此时每扇滑动门运动的最大动能不超过 1 J。

（5）阻止滑动门关闭的力不超过 150 N。

4. 固定门（fixed door，FIX）

固定门的作用为隔断站台与轨道区间。

5. 应急门（Emergency Exit Door，EED）

应急门的作用是在紧急情况下，列车停车位置与滑动门不对应时，乘客可通过应急门从列车疏散至站台。应急门即将某一固定门改成可开启的应急门。

应急门上设有门锁机构，可保证在列车活塞风的作用下，应急门不会自行开启。当发生紧急情况时，则可通过轨道侧的推杆及站台侧的专用钥匙对闭锁机构进行解锁，将应急门打开。

6. 端门（Platform End Door，PED）

端门的作用是用于车站工作人员在站台侧与轨道侧间的进出，同时兼顾紧急情况下疏散乘客的作用。

端门上设有门锁机构，可保证在列车活塞风的作用下，端门不会自行开启。当发生紧急情况时，则可通过轨道侧的推杆及站台侧的专用钥匙对闭锁机构进行解锁，将端门打开。

7．顶盒

顶盒主要由连接件、安装框架、前后盖板等组成，内置门驱装置、门控单元、配电端子箱、滑动门导轨、闭锁机构等。顶盒的材料一般为低碳钢构件，且表面经热浸镀锌防腐蚀处理。

顶盒的功能：

（1）作为固定门支柱的上支点。

（2）滑动门的吊点，能够承受滑动门的重量和负载条件下的外力作用。

（3）对其内置的各种设备提供一定的密封保护。

（4）在站台侧的顶盒前盖板上有列车运行方向和站名等内容的指示牌，并兼作站台边缘的光带反射板；前盖板（站台侧）可上翻至足够的开度，并设支承装置，方便门驱系统的安装调试和维护检修。

8．门控制器（DCU）

DCU 应配置自动/手动/隔离的接口功能、手动开/关门按钮的控制输入接口、门状态指示灯、网络接口，用于连接 PSL、PSC 的硬线接口，并提供声光报警装置的 I/O 接口、就地控制盒 I/O 接口、开/关门指令的 I/O 接口。

DCU 内部应存储多条电动机速度曲线、多组门体夹紧力阈值（夹紧力阈值最大不应超过 150 N）、重关门延迟时间（2 s，在 0 ~ 10 s 内可调）和重关门次数（3 次，根据实际情况可作适当调整）等参数。

DCU 应能根据指定的速度曲线和各个滑动门的特性对门机的调节实施智能控制，达到各个滑动门开闭的同步性和一致性要求。

DCU 输入电源应具有过流、过压保护，接收开/关屏蔽门指令，将屏蔽门的各种状态信息（开/关门、故障等）传送至 PSC、PSA 显示点；关门受阻时，进行防夹（人或物）控制。

DCU 应具有抗震、防尘、防潮、抗电磁干扰及抗静电干扰的功能，并应满足在地铁环境条件下正常运行的要求，防护等级为 IP54，安装位置应便于维修。

9．电动机和减速箱组件

电动机和减速箱组件应运行平顺，易于调换，无窜动现象。电动机驱动力应能够驱动两扇滑动门（一般每扇滑动门 90 kg）的开启和关闭。

电动机应采用直流电动机，配有位置编码器、光栅或类似检测器，实时反馈滑动门的当前位置及移动速度。

每樘门的传动装置必须由单独的电动机驱动，但可以是同步齿形带传动，也可以是滚珠螺杆传动。

10．传动副

传动副分为两种：滚珠螺杆及同步带。如果是同步齿形带传动，要求采用重载型齿形带，且为阻燃、低烟、无毒材料。所有皮带夹紧装置和皮带轮应与齿形带的齿形相匹配。

传动装置有皮带张紧力的调节和预张力功能，以消除皮带打滑的隐患。皮带的使用寿命不小于8年。皮带应满足运行10个月检查调节一次张紧力的要求。

对于同步齿形带传动中的滚动轴承，要求实际使用寿命不低于30年。

对于滚珠螺杆传动中的滚动轴承，要求能够承受双向轴向力和径向力，实际使用寿命不低于30年。

11．门闭锁机构

门闭锁机构是屏蔽门系统的重要组成部件，置于顶盒内。在屏蔽门关闭后，闭锁机构使屏蔽门处于闭锁状态，并可防止外力作用将屏蔽门打开。当滑动门开启并处于正常运营模式时，滑动门的闭锁机构可自动解锁；但在非正常运营模式和紧急运营模式时，站台工作人员或乘客可通过手动解锁机构手动打开滑动门的闭锁机构，实现解锁，即每樘滑动门在轨道侧均可用手动解锁把手，在站台侧均可用专用钥匙对门进行开/闭操作。

端门、应急门上也设有闭锁机构，可保证在列车活塞风的作用下，端门、应急门不会自行开启。当发生紧急情况时，则可通过轨道侧的推杆及站台侧的专用钥匙对闭锁机构进行解锁，将端门及应急门打开。

12．应急门检测开关

应急门检测开关是屏蔽门系统检测应急门打开或关闭状态的重要装置，直接影响到所有门关闭且锁定信号的有无。应急门检测开关置于应急门的正上方。应急门检测信号可通过应急门上方或相邻的声光报警装置上直接反映出来。

13．金属电缆槽

由于屏蔽门系统电位的特殊性，本系统控制设备的外壳及电缆屏蔽层和金属管线的安全接地采用电源系统PE线接地（安装在屏蔽门门体上的设备金属外壳及金属保护管除外）；同时，安装在屏蔽门门体上的设备外壳及金属保护管与门体同电位。

6.2.3 屏蔽门控制系统

1．单元控制器（Platform – edge Doors Controller，PEDC）

屏蔽门主控机内的单元控制器由命令/信号的输入/输出接口与处理所有安全命令/信号的继电器逻辑模块组成。这些命令/信号包括由信号系统发出的“开长/短车门”和“关车门”命令，PSL 控制开门、关门命令，“所有门关闭且锁定”信号以及“互锁解除”信号等。整个系统控制是依据故障安全的重要原则设计的，除此之外，所有从信号系统至单元控制器或从单元控制器至信号系统的控制与状态信号是通过双切安全线路进行传送的。

无论哪种单元控制器，各种操作命令和状态是通过继电器组的状态变化来完成的，继电器同时会把状态反馈给 I/O 模块得知各种操作命令和状态的实际情况，并在监控系统软件界面以及 PSC 面板指示灯等地方显示出来。

2．司机操作盘（Platform System Local control panel，PSL）

PSL 的结构要求有：设置 PSL 应考虑列车双向运行的要求；每侧站台均设一套 PSL；PSL 的放置位置应与列车正常停车时驾驶室的门相对应。

PSL 应具有与 DCU 和 PSC 连接的硬线接口，其技术要求有：输入电源应具有过流、过压保护，并应满足抗震、防尘、防潮及抗电磁干扰要求，还应满足在地铁环境条件下正常运行的要求，防护等级为 IP55。

PSL 的主要开关及指示灯（见图 6—4）：

（1）PSL 操作允许钥匙开关。

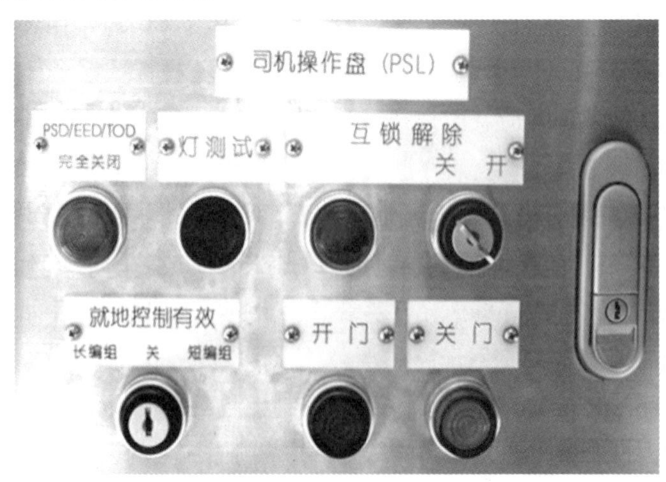

图 6—4 PSL 实物

（2）PSL操作允许指示灯（绿色）。

（3）列车6/8编组控制开关。

（4）开门按钮指示灯（绿色）。

（5）关门按钮指示灯（绿色）。

（6）PSD互锁解除钥匙开关。

（7）PSD全关闭状态指示灯（绿色）。

（8）PSL盘面指示灯检测按钮（绿色）。

（9）具有就地/遥控选择功能。

3. 紧急控制盘

车控室内的紧急控制盘（PEC）应能显示各樘屏蔽门的开关状态和故障；在紧急情况下，PEC（或称Integrated Backup Panel，IBP）能对各侧屏蔽门进行开关控制，或授权PSL对屏蔽门进行开关控制。

PEC应具有足够的存放数据和软件的存储单元、网络接口能力、声光报警器，且应有消声功能。输入电源应具有过流、过压保护，并具有抗震、防尘、防潮及抗电磁干扰、抗静电干扰功能，并应满足在地铁环境条件下正常运行的要求，防护等级IP31。

PEC盘面应具有系统设备各种状态指示灯及指示灯的测试按钮。PEC也可采用液晶显示屏显示系统设备各种状态指示（实施时可根据系统功能进行适当调整）。

PEC的指示灯含义（见图6—5）：

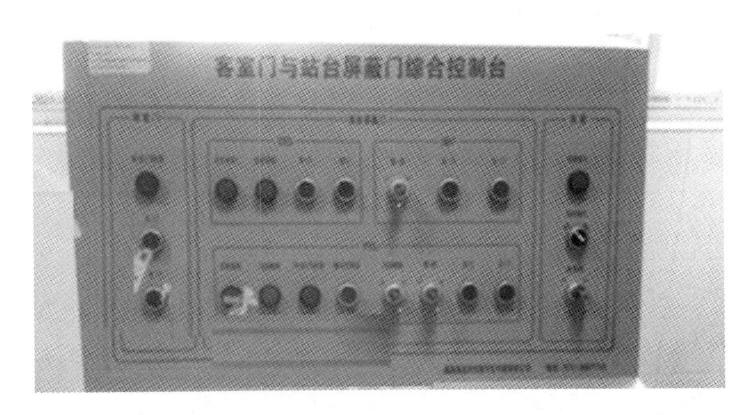

图6—5 PEC实物

（1）开门状态指示灯（绿色）。

（2）PSL操作允许状态指示灯（绿色）。

（3）PSD手动操作状态指示灯（绿色）。

（4）PSD 互锁解除报警指示灯（红色）。

（5）PSD 关门故障指示灯（红色）。

（6）PSD 开门故障指示灯（红色）。

（7）网络系统故障指示灯（红色）。

（8）供电电源故障指示灯（红色）。

（9）与信号系统连接故障指示灯（红色）。

（10）声光报警复位按钮指示灯（绿色）。

（11）PSA 盘面指示灯测试按钮（绿色）。

（12）PSA 可采用液晶显示屏显示各种状态信号。

4．就地控制盒（Local Control Box，LCB）

就地控制盒设于每樘屏蔽门的上方，具有自动/手动/隔离选择功能。当处于“隔离”状态时，该樘屏蔽门与整个控制网络脱离；当处于“手动”状态时，该樘屏蔽门与整个控制网络脱离，可以手动控制该樘屏蔽门的开/关，当屏蔽门发生故障时，对报警声、光进行消声。

屏蔽门系统控制回路由电气线路连接，主要部件有单元控制器（PEDC）、门控制器（DCU）、就地控制盒（LCB）、站台端头控制盘（PSL）、紧急控制盘（PEC/IBP）、车载信号系统接口。

控制支路分为信号控制支路、站台端头控制盘控制支路、紧急控制盘控制支路、就地控制盒控制支路，均能控制滑动门的打开及关闭。

门控制器控制执行回路，采用环路冗余方式，从而防止该回路某段线路故障影响后续滑动门的开关，且每扇门采用分支电缆并联到该开关门信号回路上，防止影响其他滑动门的正常使用。

6.2.4 屏蔽门的电源

供电系统按一类负荷向屏蔽门系统供电，即提供两路独立的三相五线 380 V 交流电源，同时屏蔽门系统自身设有 UPS，当两路电源发生故障时，可通过 UPS 对系统进行不间断供电。屏蔽门供电系统主要分为驱动电源与控制电源两种。

1．驱动电源及驱动 UPS

驱动电源主要由交流配电单元、充电模块、监控模块、绝缘监控模块、蓄电池及馈线回路构成，以完成充电、馈线及两路电源停电后蓄电池投入供电的功能。

交流输入正常时，两路交流输入经切换控制电路选择其中一路输入，交流配电单元一方面通过充电模块给蓄电池充电，另一方面给全部的门机负载供电。当输入的两路380 V交流电源都发生故障或其他异常情况时，经联锁切换开关，切换至蓄电池供电。蓄电池容量应满足失电后半小时内，全部滑动门开关门3次的要求。

2. 控制电源及控制UPS

控制电源由电源转换装置及控制UPS组成，主要为DCU、PSC、PSL、PEC（IBP内屏蔽门系统部分）供电。蓄电池容量应满足失电后半小时内，控制回路有效的要求。

3. 系统配电柜

系统配电柜包括系统总开关、主隔离变压器、门单元分路负荷开关、各控制回路工作电压开关、车站低压配电接地保护等。

6.2.5 屏蔽门系统的绝缘措施

屏蔽门在建设时，在屏蔽门安装支架上下都设有绝缘装置，使屏蔽门金属构件（包括门槛、立柱、顶盒、盖板、门楣、滑轨、门扇框架等）与车站地绝缘；同时通过导线将轨道与屏蔽门金属构件相连接，使屏蔽门金属构件与列车车体等电位。

在沿屏蔽门站台侧及屏蔽门端门区间侧均铺设有一定宽度的绝缘地板。

6.3 屏蔽门系统的运行管理

6.3.1 运营管理的有关规程和制度

1. 屏蔽门系统端门使用规定

（1）任何工作人员使用端门后，必须确认关闭并锁紧，严禁打开后无人守护，严禁使用异物阻挡端门关闭。

（2）打开端门时，必须使用屏蔽门专用钥匙，拔钥匙时必须先将门锁复位后退出；严禁使用专用钥匙以外的其他钥匙开启端门，防止门锁断裂或错位。

（3）打开端门时，端门最大开度为90°；严禁将端门打开超过90°，避免端门上方的闭门器损坏。

（4）严禁任何人员在正常运营列车进出站产生活塞风时，打开端门。

2. PSA电脑使用规定

（1）PSA是屏蔽门系统的重要设备，除车控室值班工作人员、维护人员以外，其

他人员未经许可不得进行操作。

（2）禁止在 PSA 上装载、启动其他无关软件。

（3）禁止擅自删除、改变系统的任何配置文件、参数及属性。

6.3.2 维护保养作业注意事项

1. 屏蔽门系统级控制模式下的维修

在系统级控制模式下运营时，如需要对故障门单元进行维修，必须使故障门处于隔离或就地模式下进行，保证门关闭且锁定信号形成，避免影响列车进出车站。

由于 PEDC 断电后其时钟信息不能保持，若需要断电，则系统重新上电后必须重设时钟。

人工开关滑动门时，禁止快速拉动或冲击滑动门。

2. 滑动门反复人工开关门与行程较长时开关门的安全操作步骤

（1）隔离所需操作的滑动门。

（2）关闭该滑动门电源。

（3）松开 DCU 与电动机的连接。

完成以上步骤后，方可进行人工开关门的反复操作。

若需恢复滑动门正常使用，需依次进行如下操作：

第一，恢复 DCU 与电动机的连接。

第二，恢复该滑动门电源。

第三，恢复该滑动门自动工作模式。

6.4 屏蔽门系统的检查与维护

6.4.1 屏蔽门系统绝缘故障的检查与维护

1. 检查屏蔽门接地阻值是否异常，如图 6—6 所示。

2. 断开轨道电缆连接，如图 6—7 所示。

3. 首先，检查电线/导线/混凝土是否与踏步板、顶盒、端头门有接触，确保无其他物品与屏蔽门门体接触而导致绝缘问题，如图 6—8 所示。

4. 检查防踏空支持板与踏步板之间是否有接触，如图 6—9 所示。

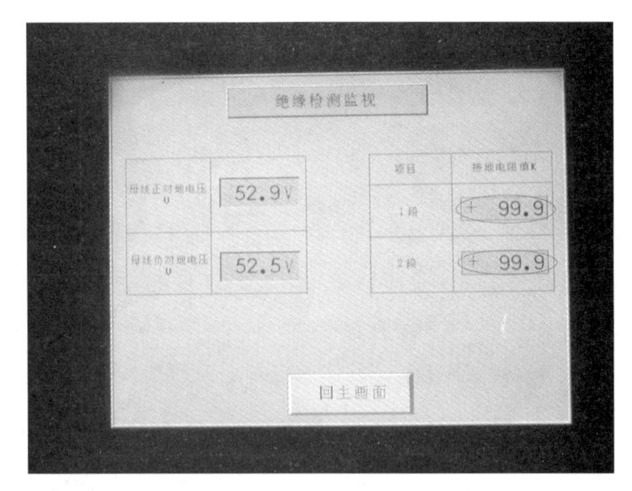

图 6—6　检查屏蔽门接地阻值

图 6—7　电缆连接

图 6—8　绝缘位置

图 6—9　踏板间隙

5. 检查踏步板与屏蔽门底部固定件是否有接触，确定绝缘子是否有破损，如图 6—10 所示。

图 6—10　绝缘子破损

6. 检查端头门与装饰建材之间是否有间隙，间隙是否足够大，如图 6—11 所示。

注意：上部装饰板与前面板之间的间隙，两部分是否有接触。

7. 门体从站台中心隔离为两部分，断开顶盒内铜排与踏步板的连接，断开顶盒连接板，拆卸固定面板和 U 形槽踏步板，断开两部分间的全部连接。

8. 将前面板打开，拆卸上部连接板。螺栓位置如图 6—12 所示。

图6—11　端头门与装饰建材之间的间隙位置

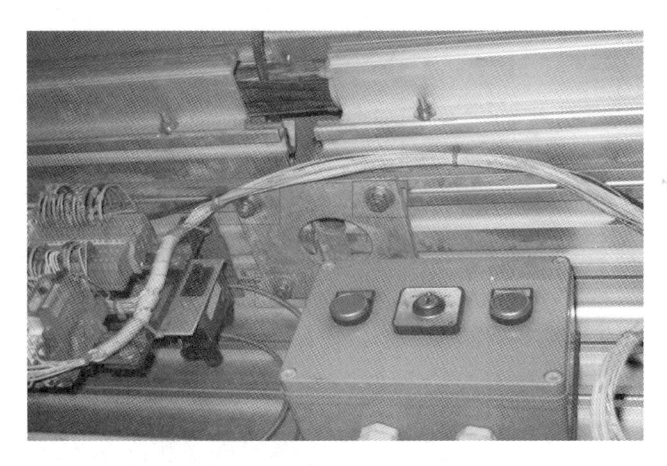

图6—12　螺栓位置

9．拆卸前面板内的接地线，如图6—13所示，使得屏蔽门上半部分开。

10．对应屏蔽门上半部分的位置，在下半部分找到踏步板上的连接位置，如图6—14所示。

11．拆卸所对应位置的连接铜片，使屏蔽门下部分离。

12．测量绝缘值。

13．重复该流程，分隔绝缘值有问题的部分。重复该步骤直到找出绝缘的问题所在。

14．电气电缆如有损坏，将会造成绝缘值的问题，需要检查各电缆的绝缘值。

图 6—13　连接线位置

图 6—14　踏步板位置

注意事项

首先检查一半站台的绝缘值，其次再检查 1/4 站台的绝缘值。

6.4.2　屏蔽门系统信号故障的检查与维护

1．检测流程图

检测流程如图 6—15 所示。

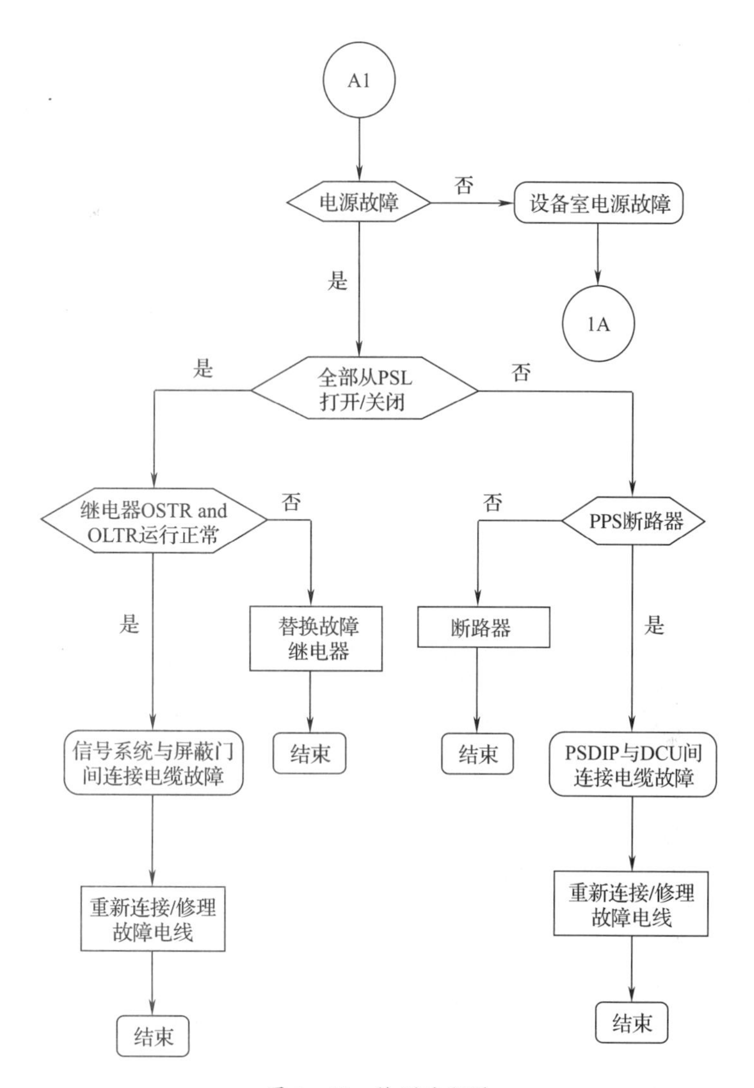

图 6—15　检测流程图

2. 操作步骤

若屏蔽门系统与信号系统之间无信号传输，首先，检查电源是否有故障，如图6—16 所示。

A1 故障，检查电源是否有故障，如图 6—17 所示。

1A 故障，检查电源柜（见图 6—18）内是否有故障。若排除，再次检查电源情况。

若非电源问题，则可用 PSL（见图 6—19）开关屏蔽门。

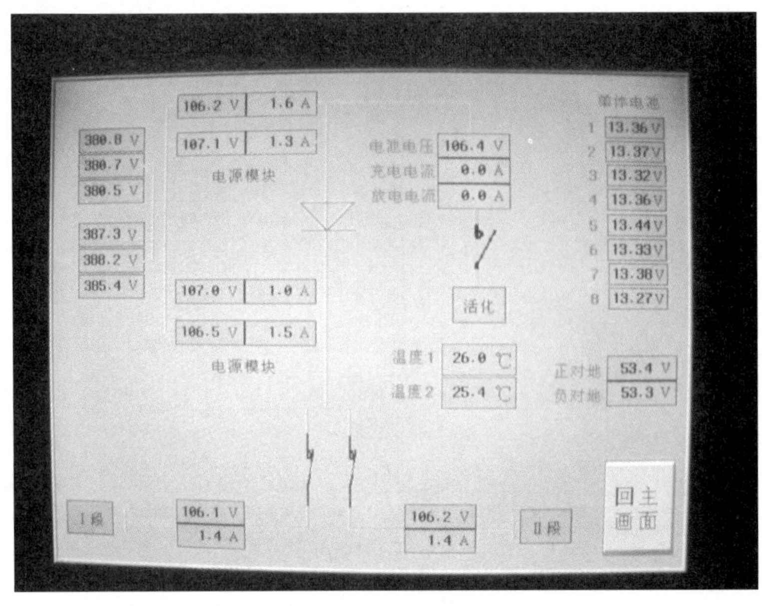

图 6—16　操作界面

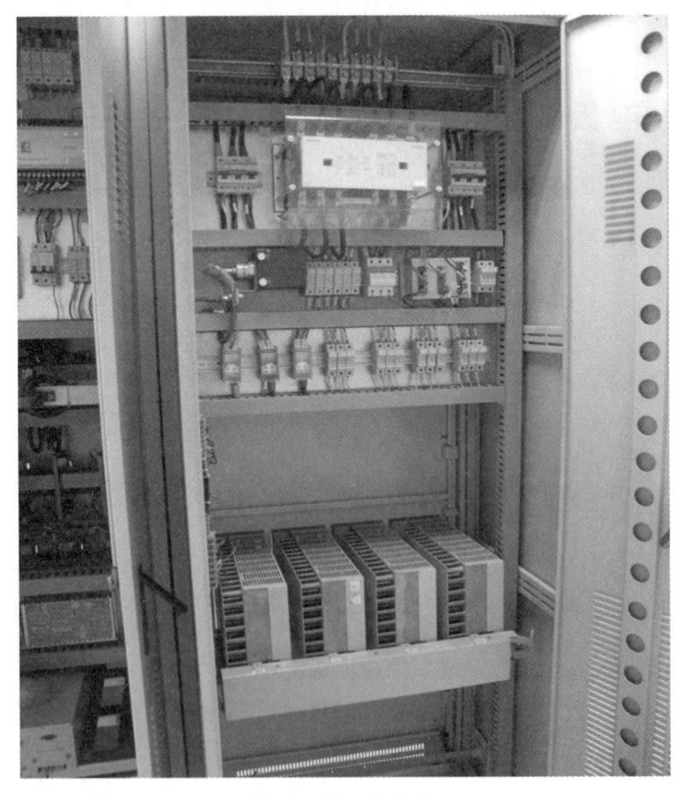

图 6—17　配电柜

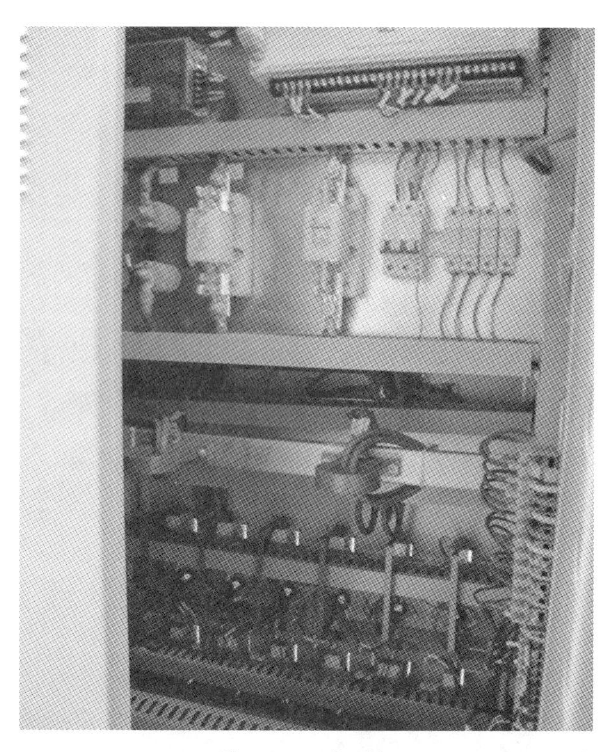

图6—18　电源柜

图6—19　PSL实物

若屏蔽门开关正常，而无信号，则检查继电器。若继电器无问题，则检查信号系统与屏蔽门之间的连接电缆是否有故障，如图6—20所示。

图 6—20　连接电缆

若屏蔽门无法打开，则可检查断路器（见图 6—21）是否正常。

图 6—21　断路器

若断路器无问题，可检查 PSDIP 与 DCU 之间的连接电缆是否有故障，如图 6—22、图 6—23 所示。

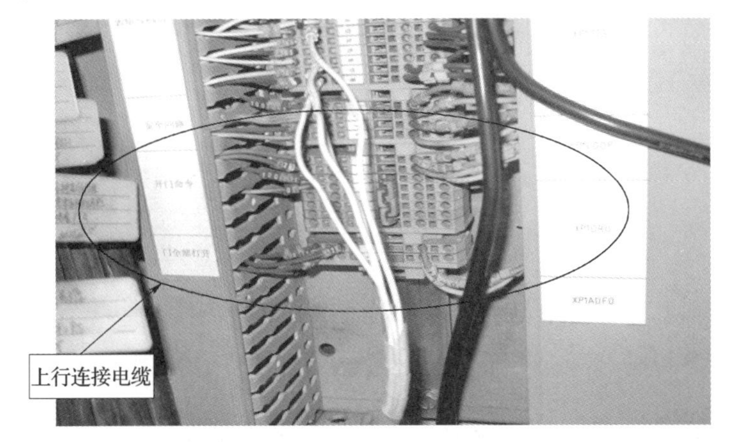

图 6—22　上行连接电缆

图 6—23　下行连接电缆

尝试重新连接电缆。

6.4.3　屏蔽门系统 PSL 故障的检查与维护

1. 检测流程图

检测流程如图 6—24 所示。

2. 操作步骤

PSL 无法操作时可按以下步骤检测：

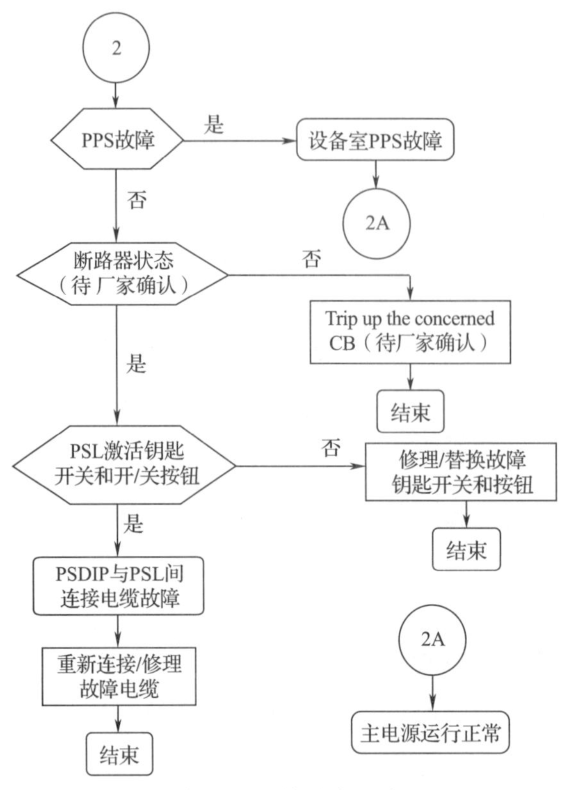

图 6—24 检测流程图

（1）检查故障是否是由于断路器的原因造成的。

（2）检查故障是否是由于钥匙开关及开关按钮的原因造成的。钥匙位置如图 6—25 所示。

图 6—25 钥匙位置

（3）若是则可更换开关，若不是，则检查 PSDIP 与 PSL 之间的连接电缆是否存在问题。

6.4.4 屏蔽门系统不响应开/关命令故障的检查与维护

1. 检测流程图

检测流程如图 6—26、图 6—27 所示。

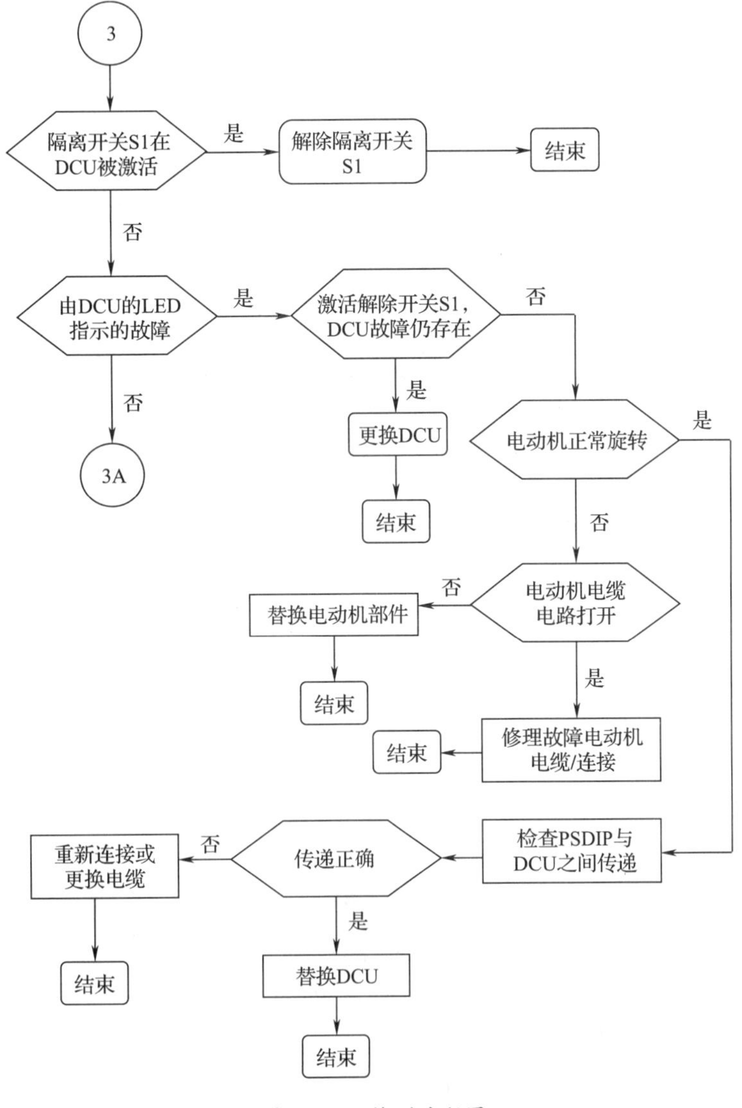

图 6—26　检测流程图

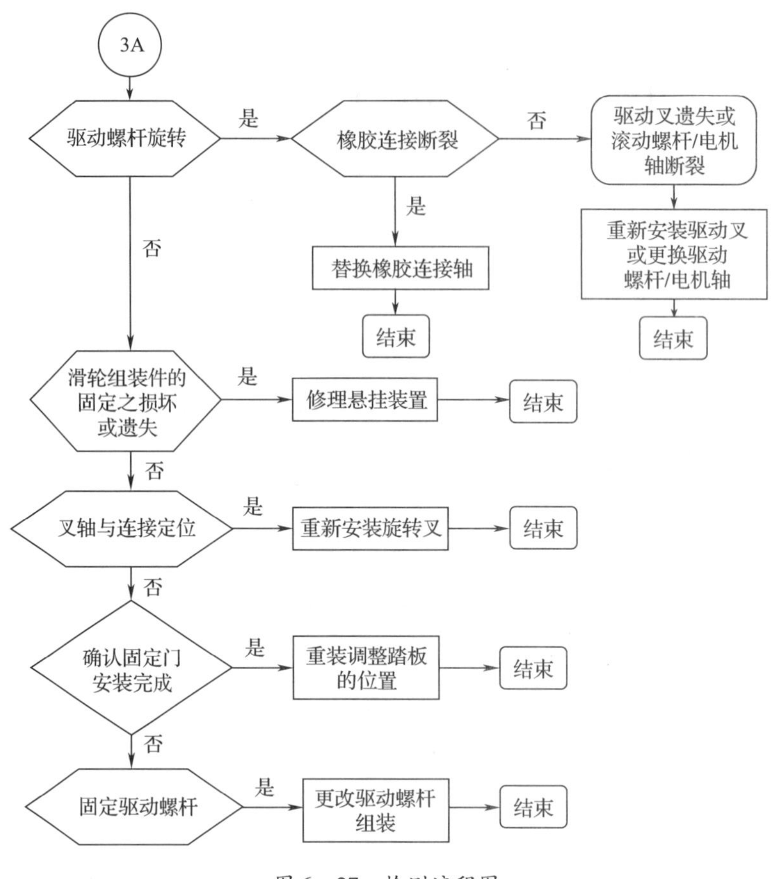

图 6—27　检测流程图

2. 操作步骤

检查隔离开关（见图 6—28）是否在隔离位置。

若为隔离位置，则解除隔离至自动状态。

如果在自动状态，则检查 DCU 的 LED 指示灯状态，若状态正确则跳转至 3 A，若状态不正确则进行以下步骤。

重新启动 DCU，再次检查 DCU 的 LED 指示灯状态。若指示灯指示仍发生错误，则更换 DCU。若指示灯显示正常，则启动电动机，查看电动机是否转动。

若电动机无法转动，则检查电动机与 DCU 联线状态是否正常，联线状态正常更换电动机，反之，更换连接电缆。

若电动机正常转动，则检查主控机与 DCU 之间的通信是否正常，通信状态正常更换 DCU，反之更换连接电缆。

图 6—28 隔离开关

3A 故障、DCU 的 LED 指示灯状态正确，则断开螺杆与电动机间的连接，检查被驱动部分（即滑动门）是否能够正常移动；不能正常移动的检查滑轮及组件是否正常，不正常更换配件；检查叉轴定位是否正常，不正常重新安装；检查踏步板导槽间隙是否过小，过小重新调整；检查螺杆滚珠轴承有无卡住现象，有则更换滚珠螺杆。若滑动门能够正常移动，则检查联轴器是否断裂，断裂则更换；检查电动机轴是否断裂，断裂则更换。

6.4.5 屏蔽门系统互锁解除故障的检查与维护

检查 PSL 与 PAS 上互锁解除的信号灯是否一致，操作界面如图 6—29 所示。

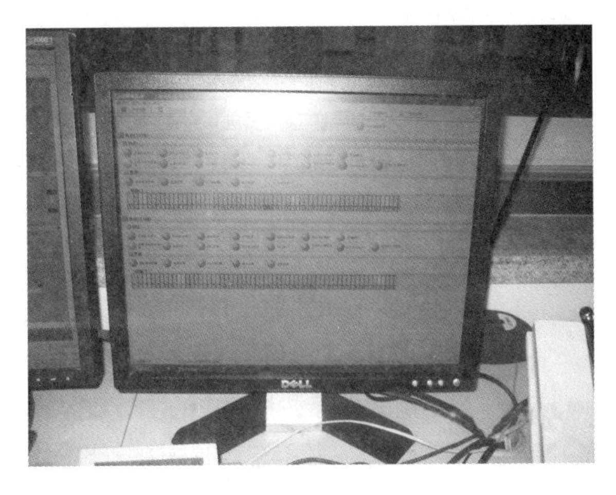

图 6—29 操作界面

若不一致，更换 PSL 上的互锁解除灯。

检查互锁解除开关（见图 6—30）是否正常，如损坏，则需更换。

图 6—30　互锁解除开关

检查互锁解除开关与列车互锁灯的连接电缆是否正常，如图 6—31 所示，如损坏，则需更换。

图 6—31　连接电缆

理论知识复习题

一、单项选择题（选择一个正确的答案，将相应的字母填入题内的括号中）

1. 在滑动门关闭过程中，最后 100 mm 行程为慢速爬行区，此时每扇滑动门运动的最大动能（　　）J。

A. ≤1　B. ≤10　C. ≤100　D. ≤1 000

2. 阻止滑动门关闭的力不超过（　　）。

A. 100 N　B. 150 N　C. 200 N　D. 250 N

3. 滑动门简称（　　）

A. EED　B. PSD　C. ASD　D. PED

4. 屏蔽门端头控制盘英文简称（　　）。

A. PSL　B. PEC　C. LCB　D. PSC

5. 列车自动控制（ATC）系统不包含（　　）。

A. ATP　B. ATO　C. ATS　D. ATF

二、判断题（将判断结果填入括号中，正确的填“√”，错误的填“×”）

1. 屏蔽门系统滑动门操作优先级从高到低为：手动解锁→LCB→PSL→PEC→列车自动控制信号。（　　）

2. PSA是屏蔽门系统的重要设备，除车控室值班工作人员、维护人员以外，其他人员未经许可不得进行操作。（　　）

3. 任何工作人员使用端门后，必须确认关闭并锁紧，严禁打开后无人守护，严禁使用异物阻挡端门关闭。（　　）

4. 端门的作用是用于车站工作人员在站台侧与轨道侧间的进出，同时兼顾紧急情况下疏散乘客的作用。（　　）

5. 屏蔽门控制系统以两侧站台屏蔽门为控制对象，构成一个完整的控制系统，应确保任一侧屏蔽门的故障不影响另一侧屏蔽门的正常运行；单侧某一樘门的故障不影响其他门的正常运行。（　　）

理论知识复习题参考答案

一、单项选择题

1. A　2. B　3. C　4. A　5. D

二、判断题

1. ×　2. √　3. √　4. √　5. √

理论知识考试模拟试卷及答案

智能楼宇管理师（城轨车站）（三级）理论知识试卷

注 意 事 项

1. 考试时间：90 min。
2. 请首先按要求在试卷的标封处填写您的姓名、准考证号和所在单位的名称。
3. 请仔细阅读各种题目的回答要求，在规定的位置填写您的答案。
4. 不要在试卷上乱写乱画，不要在标封区填写无关的内容。

	一	二	总分
得　分			

得　分	
评分人	

一、判断题（第 1 题 ~ 第 35 题。将判断结果填入括号中。正确的填“√”，错误的填“×”。每题 1 分，满分 35 分）

1. 维修人员维护维修环控电控室的设备后，只需将设备恢复到原始供电状态即可。（　）
2. 环控电控室禁止无关人员擅自进入。（　）
3. 设备台账中不包括备件备品的消耗。（　）
4. 设备履历中记录了设备的大/中修内容。（　）
5. FAS 系统中央级是由服务器、图形命令中心（GCC）、打印机等组成的，用于监视全线的火灾情况。（　）
6. FAS 通过通信接口与主时钟连接，接收由通信系统提供的时钟同步信号，实现

全线各车站的时间同步。（　　）

7. 车站级 FAS 的外围设备由各类火灾探测设备和功能模块组成，提供各种火灾检测手段和消防设备的监控。（　　）

8. FAS 的状态监视设备用来监测消防相关设备的状态，其主要设备是监视模块。（　　）

9. 气体灭火系统的电磁阀通常安装在瓶头阀顶部，受气体灭火报警控制盘控制，是用于电磁启动的装置。（　　）

10. 气体灭火系统的报警系统由控制盘和外围设备组成，控制盘与外围设备一起实现系统的探测报警、自动喷气、手动喷气、止喷、手/自动切换等功能。（　　）

11. 气体灭火系统的手动喷放操作必须在手动模式下操作才有效。（　　）

12. 每天必须对消防系统 1 ~2 次巡检。（　　）

13. PLC 是 Programmable Logic Controller 的缩写，即可编程逻辑控制器。（　　）

14. 可编程控制器主要由存储器（RAM、ROM）、输入输出单元（I/O）、电源和编程器这四部分组成。（　　）

15. 编程器的作用是将用户程序送入 PLC 的存储器，检查、修改程序和监视 PLC 的工作状态。（　　）

16. BAS 中央级由 1 台工作站、1 台服务器和 1 个模拟屏盘（IBP）等设备组成。（　　）

17. BAS 车站级设有相应的接口设备接收车站级 FAS 发送的车站火警信息，并根据火警信息的内容选择并发布车站的火灾通风模式。（　　）

18. BAS 现场级由现场控制器、现场检测仪表、现场执行机构等设备组成。（　　）

19. BAS 主要监控空调通风系统中的空调机组、隧道风机、送/排风机、调节风阀、联动风阀和防火阀。（　　）

20. BAS 对送/排风机的监控内容中包括对回风温度和湿度的测量。（　　）

21. BAS 主要监控冷水系统中的冷冻水系统和冷却水系统。（　　）

22. BAS 在功能上需要同 FAS、冷水机组、信号 ATS、通信时钟、屏蔽门等进行数据交换。（　　）

23. 维修班组全面负责 BAS 的故障处理和维修，确保 BAS 的正常使用。（　　）

24. 屏蔽门金属体构件通过地线与轨道连接，使屏蔽门金属构件与列车车体电位相等。（　　）

25. 温度是描述空气冷热程度的物理量，主要有三种标定方法：摄氏温标、华氏温标和绝对温标（又称热力学温标或开氏温标）。（　　）

26. 空气的压力就是当地的大气压，常用单位有国际单位帕斯卡（Pa）。（　　）

27. 空气的焓值是指空气中含有的总热量。（　　）

28. 按空气处理设备的设置情况可将空气调节系统分为集中式、半集中式、集中冷却的分散型机组和全分散式系统。（　　）

29. 根据送风量是否可以变化，集中式系统可分为定风量式和变风量式。（　　）

30. 半集中式系统是指送入空调房间内的回风由空调机房集中处理，空调房间内的空气由分散在空调房间内的装置进行处理。（　　）

31. 集中式空调系统由空气处理设备、空气输送设备和空气分配装置组成。（　　）

32. 屏蔽门式环控系统由车站公共区制冷空调通风系统（兼排烟）和车站设备及管理用房空调通风系统（兼排烟）组成。（　　）

33. 制冷空调循环水系统通常在采用空气—水交换系统的车站空调通风大系统和小系统中运用。（　　）

34. 典型闭式环控系统由车站通风系统和隧道通风系统两部分组成。（　　）

35. 稳压泵是消防泵的一种，用于自动喷水灭火系统和消火栓给水系统的压力稳定，使系统水压始终处于要求的压力状态，即运行在喷头和消火栓未曾出流时。（　　）

得　分	
评分人	

二、单项选择题（第 1 题 ~ 第 65 题。选择一个正确的答案，将相应的字母填入题内的括号中。每题 1 分，满分 65 分）

1. 车站应急照明灯具、（　　）及控制箱由降压站交直流电源柜供电。

A. 区间隧道应急照明灯具　　B. 区间隧道普通照明灯具

C. 车站插座　　D. 车站电梯

2. 环控电控室停役的各类设备柜、抽屉柜，当有人施工时，在做好相应隔离措施后，须在抽屉开关上悬挂（　　）。

A. 警告牌　　B. 接地线　　C. 提示牌　　D. 安全牌

3. 照明控制箱供电方式采用（　　）交流供电，照明灯具采用单相 220 V 交流供电。

A. 三相两线制　B. 三相三线制　C. 三相五线制　D. 三相四线制

4. 停役后的抽屉开关在恢复供电时，须对对应的供电线路和设备进行（　　），在确认线路和设备正常后，方可送电。

A. 口头确认　B. 温度测试　C. 目测　D. 绝缘测定

5. 备品备件台账内容不包括（　　）。

A. 备品备件名称　B. 规格型号　C. 领用数量　D. 产品说明书

6. FAS 系统的中央级通常设有（　　）图形命令中心（GCC），以确保对全线火灾情况的监控。

A. 一台　B. 两台　C. 三台　D. 四台

7. FAS 的时钟同步信号来自（　　）。

A. 通信系统　B. 信号系统　C. 环控系统　D. 以上都不是

8. 火灾监控设备、消防通话设备和消防广播设备属于 FAS 车站级的（　　）。

A. 状态监视设备　B. 控制设备　C. 接口设备　D. 外围设备

9. 下列选项中，不属于 FAS 控制设备控制的消防联动的设备是（　　）。

A. 消防泵　B. 喷淋泵　C. 防火阀　D. 智能温感

10. 气体灭火系统的电磁阀通常安装在（　　），受气体灭火报警控制盘控制，是用于电磁启动的装置。

A. 瓶头阀顶部　B. 瓶头阀底部　C. 选择阀顶部　D. 选择阀底部

11. 气体灭火系统的报警系统由（　　）组成，用于实现系统的探测报警、自动喷气、手动喷气、止喷、手/自动切换等功能。

A. 控制盘　B. 外围设备

C. 控制盘和外围设备　D. 控制盘、外围设备和各功能模块

12. 为保证气体灭火系统的可靠性，可通过（　　）的方式进行灭火气体的喷放操作。

A. 自动喷气　B. 手动喷气

C. 自动喷气和手动喷气　D. 自动喷气、手动喷气和应急喷气

13. 每天必须对消防系统（　　）次巡检。

A. 1～2　B. 2～3　C. 3～4　D. 4 次或以上

14. 可编程控制器采用可编程序的存储器，用来在其内部存储执行（　　）、计数和算术运算等操作的指令，并通过数字式和模拟式的输入和输出，控制各种类型的机械或生产过程。

A. 逻辑运算　B. 顺序控制　C. 定时　D. 以上答案都对

15. 可编程控制器主要由（　）、输入输出单元（I/O）、电源和编程器等几部分组成。

A. CPU　B. RAM　C. ROM　D. 以上答案都对

16.（　）的作用是将用户程序送入PLC的存储器，检查、修改程序和监视PLC的工作状态。

A. CPU　B. 存储器　C. I/O　D. 编程器

17. BAS中央级一般配置两台或两台以上操作工作站，通过（　）使工作站处于热备状态。

A. 并列运行　B. 冗余技术

C. 并列运行和冗余技术　D. 以上答案都不对

18. BAS车站级设有相应的接口设备接收（　）FAS系统发送的车站火警信息，并根据火警信息的内容选择并发布相应的火灾通风模式。

A. 本站　B. 相邻车站　C. 区间　D. 全线

19. BAS的现场级控制器一般设置在环控电控室内和被监控设备的附近，可采用（　）的方式提高BAS的稳定性。

A. 冷备份　B. 热备份　C. 备份　D. 分散控制

20. BAS主要监控（　）中的空调机组、隧道风机、送/排风机、调节风阀、联动风阀和防火阀。

A. 空调系统　B. 通风系统　C. 空调通风系统　D. 冷水系统

21. BAS对送/排风机的监控内容中包括对新风和排风（　）的测量。

A. 温度　B. 湿度

C. 温度和湿度　D. 温度、湿度和含烷值

22. BAS主要监控（　）中的冷水机组、冷冻水系统和冷却水系统。

A. 冷水系统　B. 空调系统　C. 通风系统　D. 给排水系统

23. BAS与FAS之间通过硬线接口进行数据交换，其内容包括（　）。

A. 报警位置　B. 报警位置和报警时间

C. 火警分区报警　D. 火警分区报警和恢复

24.（　）负责分配并维护使用部门用户权限，保障系统安全。

A. 设备调度人员　B. 车站站务人员

C. 维修班组　D. 设备调度人员和维修班组

25. 每立方米空气中含有水蒸气的质量被称为（　　）。

A. 湿度　　B. 绝对湿度　　C. 相对湿度　　D. 含湿量

26. 空气的密度和空气的比容互为（　　）关系。

A. 导数　　B. 倒数　　C. 正比　　D. 反比

27. 表冷器外表面的平均温度称为（　　）。

A. 露点温度　　B. 机器露点温度　　C. 饱和温度　　D. 机器饱和温度

28. 空气调节系统按处理空气的来源可分为（　　）。

A. 封闭式和开放式　　B. 封闭式和全新式

C. 全新式和混合式　　D. 封闭式、全新式和混合式

29. 在送风前让回风与（　　）混合一次的集中式系统称为一次回风式系统。

A. 冷风　　B. 热风　　C. 新风　　D. 空气

30. 将经过处理的空气按照预定要求输送到各个空调房间，并从房间内抽回或排出一定量的室内空气的设备是（　　）。

A. 空气处理设备　　B. 空气输送设备

C. 空气分配装置　　D. 以上答案都不对

31. 通常在车站（　　）为每个区间隧道设置活塞/机械通风系统。

A. 车头部位　　B. 车尾部位　　C. 两端　　D. 中间

32. 利用列车行驶的活塞作用与外界通风换气以控制内部热环境，排除余热余湿，这种环控方式一般为（　　）。

A. 闭式环控系统　　B. 活塞风系统

C. 开式环控系统　　D. 排热风系统

33. 冷水机组的主要部件有压缩机、冷凝器、蒸发器和（　　）。

A. 单向阀　　B. 节流阀　　C. 气液分离器　　D. 过滤器

34. 节流阀在制冷系统中的重要作用在于（　　）。

A. 降低压力　　B. 降低温度　　C. 节流降压　　D. 提高压力和温度

35. 稳压泵是消防泵的一种，用于（　　）的压力稳定。

A. 自动喷水灭火系统　　B. 消火栓给水系统

C. 自动喷水灭火系统和消火栓给水系统　　D. 以上答案都不对

36.（　　）和稳压泵都属于消防泵恒压设施。

A. 增压泵　　B. 水泵　　C. 化工泵　　D. 齿轮泵

37. 给排水系统的软连接主要用于水泵的（　　）处，作用是减少水泵启动时的

震动对管件和阀门的影响。

A. 进口　B. 出口　C. 进口和出口　D. 进口或出口

38. 湿式报警阀是一种只允许水（　）流入喷水系统并在规定流量下报警的一种阀门。

A. 单向　B. 双向

C. 单向或双向都可以　D. 以上答案不对

39. 车站消防设施应建立完善的巡视、检查、登记制度，每周至少巡视（　）次。

A. 4　B. 3　C. 2　D. 1

40. 热轧型钢导轨只能用在（　）。

A. 货梯　B. 对重

C. 速度不大于0.4 m/s的电梯　D. 自动扶梯

41. VVVF是指（　）调速电梯。

A. 交流调压　B. 交流变极　C. 交流变频变压　D. 直流调压

42. 电梯的开门和关门过程中，门扇的运动不是匀速的，一般开门速度是先慢后快再慢，关门速度是（　），所以门机必须有调速装置。

A. 先慢后快再快　B. 先快后慢再慢

C. 先快后慢再快　D. 先慢后快再慢

43. 电梯的平衡系数一般取（　）。

A. 0.4　B. 0.5~0.7　C. 0.3~0.4　D. 0.4~0.5

44. 供电电压相对于额定电压的波动应（　）的范围。

A. ±6%　B. ±10%　C. ±8%　D. ±7%

45. 附加制动器应在自动扶梯速度超过额定速度（　）倍之前和在梯级、踏板改变其规定运行方向时动作。

A. 1.2　B. 1.4　C. 1.5　D. 1.8

46. 在滑动门关闭过程中，最后100 mm行程为慢速爬行区，此时每扇滑动门运动的最大动能（　）J。

A. ≤1　B. ≤10　C. ≤100　D. ≤1 000

47. 阻止滑动门关闭的力不超过（　）。

A. 100 N　B. 150 N　C. 200 N　D. 250 N

48. 滑动门简称（　）。

A. EED　　B. PSD　　C. ASD　　D. PED

49. 屏蔽门端头控制盘英文简称（　　）。

A. PSL　　B. PEC　　C. LCB　　D. PSC

50. 列车自动控制（ATC）系统不包含（　　）。

A. ATP　　B. ATO　　C. ATS　　D. ATF

51. 典型屏蔽门式环控系统由（　　）和隧道通风系统两部分组成。

A. 车站空调通风系统　　B. 车站公共区制冷空调通风系统

C. 活塞风系统　　D. 机械通风系统

52. 屏蔽门式环控系统的车站空调系统由（　　）组成。

A. 车站公共区制冷空调系统（兼排烟）

B. 车站设备及管理用房空调系统（兼排烟）

C. 制冷空调循环水系统

D. 以上答案都正确

53. 典型屏蔽门式环控系统的区间隧道通风系统由（　　）组成。

A. 区间隧道活塞风系统

B. 区间隧道机械通风系统（隧道风机和射流风机系统）

C. 车站区间排热系统（UPE/OTE 系统）

D. 以上答案都正确

54. 下列设备中（　　）不属于车站大系统中制冷空调循环水系统的组成部分。

A. 冷水机组　　B. 冷冻/冷却水泵

C. 冷却塔　　D. 风冷热泵

55. 闭式环控系统根据全年外界（　　）的变化，可转换为开式系统。

A. 温度　　B. 湿度　　C. 温度和湿度　　D. 以上答案都不对

56. 屏蔽门 PSA 计算机使用规定中“PSA 除了（　　）以外未经许可不得进行操作。”

A. 乘客　　B. 保养维修人员

C. 外包人员　　D. 站长

57. 典型的闭式环控系统与屏蔽门式环控系统相比，一般不设置（　　）。

A. 区间隧道活塞风系统　　B. 区间隧道机械通风系统

C. 车站区间排热系统　　D. 车站公共区制冷空调通风系统

58. 冷水机组的主要部位有压缩机、冷凝器、蒸发器和（　　）。

A．单向阀　　B．节流阀　　C．气液分离器　　D．过滤器

59．冷凝器是使制冷剂（　　）的关键性部件。

A．由液态转变为气态　　B．由气态转变为液态

C．保持气态　　D．保持液态

60．在送风段的送风口上装有（　　），以平衡、调节站厅、站台的送风量。

A．风阀　　B．电动风阀

C．防火阀　　D．电动防火阀

61．在屏蔽门式环控系统中，经过空调机组处理后的空气由空调机组内的离心式风机送至（　　）。

A．站厅　　B．站厅和站台

C．站台和隧道　　D．站厅、站台和隧道

62．空调机组有（　　）进风口，其作用是在空调季节和通风季节投入运行。

A．一个　　B．两个　　C．三个　　D．四个

63．空调机组中的表冷器安装在（　　）内。

A．进风段　　B．过滤段　　C．表冷段　　D．消声段

64．离心式风机安装在空调机组的（　　）内。

A．进风段　　B．过滤段　　C．表冷段　　D．风机段

65．（　　）的风向是可以调节的。

A．轴流风机　　B．离心风机　　C．全新风机　　D．事故风机

智能楼宇管理师（城轨车站）（三级）理论知识试卷答案

一、判断题（第 1 题～第 35 题。将判断结果填入括号中。正确的填“√”，错误的填“×”。每题 1 分，满分 35 分）

1. ×　2. √　3. √　4. √　5. √　6. √　7. √　8. √
9. ×　10. √　11. √　12. ×　13. √　14. ×　15. √　16. ×
17. √　18. √　19. √　20. ×　21. ×　22. √　23. √　24. √
25. √　26. √　27. √　28. √　29. √　30. ×　31. √　32. ×
33. √　34. ×　35. √

二、单项选择题（第 1 题～第 65 题。选择一个正确的答案，将相应的字母填入题内的括号中。每题 1 分，满分 65 分）

1. A　2. A　3. D　4. D　5. D　6. B　7. A　8. D
9. D　10. A　11. C　12. D　13. A　14. D　15. D　16. D
17. C　18. A　19. D　20. C　21. C　22. A　23. D　24. C
25. B　26. B　27. B　28. D　29. C　30. B　31. C　32. C
33. B　34. C　35. C　36. A　37. C　38. A　39. D　40. C
41. C　42. B　43. D　44. D　45. B　46. A　47. B　48. C
49. A　50. D　51. A　52. D　53. D　54. D　55. A　56. B
57. C　58. B　59. B　60. C　61. B　62. B　63. C　64. D
65. D

操作技能考核模拟试卷

注 意 事 项

1. 考生根据操作技能考核通知单中所列的试题做好考核准备。

2. 请考生仔细阅读试题单中具体考核内容和要求，并按要求完成操作或进行笔答或口答，若有笔答请考生在答题卷上完成。

3. 操作技能考核时要遵守考场纪律，服从考场管理人员指挥，以保证考核安全顺利进行。

注：操作技能鉴定试题评分表及答案是考评员对考生考核过程及考核结果的评分记录表，也是评分依据。

国家职业资格鉴定
智能楼宇管理师（城轨车站）（三级）操作技能考核通知单

姓名：

准考证号：

考核日期：

试题 1

试题代码：1.1.1。

试题名称：双闭环可逆调速系统的安装与调试。

考核时间：45 min。

配分：15 分。

试题 2
试题代码：2. 1. 1。
试题名称：各类模块的安装与调试。
考核时间：30 min。
配分：30 分。

试题 3
试题代码：3. 1. 1。
试题名称：通风工况切换为空调工况。
考核时间：30 min。
配分：20 分。

试题 4
试题代码：4. 1. 1。
试题名称：自来水水表的安装。
考核时间：45 min。
配分：20 分。

试题 5
试题代码：5. 1. 1。
试题名称：自动扶梯运行隐患的查找。
考核时间：30 min。
配分：15 分。

智能楼宇管理师（城轨车站）（三级）操作技能鉴定
试　题　单

试题代码：1.1.1。

试题名称：双闭环可逆调速系统的安装与调试。

考核时间：45 min。

1. 操作条件

（1）直流 514 C 调速装置实验台。

（2）线路图。

2. 操作内容

根据线路图接线、调试并运行，并绘制调节特性曲线和系统方块图。

3. 操作要求

（1）接线、调试、运行符合要求。

（2）绘制调节特性曲线图符合要求。

（3）直流调速装置转速、电流双闭环可逆调速系统方块图绘制符合要求。

（4）考试人员按规定着装，违反作业安全规定、不文明操作或造成他人伤害者取消考试资格。

智能楼宇管理师（城轨车站）（三级）操作技能鉴定试题评分表

考生姓名：　　　　　　　　准考证号：

试题代码及名称		1.1.1　双闭环可逆调速系统的安装与调试		考核时间				45 min
评价要素		配分	等级	评分细则	评定等级				得分
					A	B	C	D	
1	接线、调试、运行	5	A	接线、调试、运行符合要求					
			B	错一处					
			C	错两处					
			D	错三处或以上					
2	特性曲线	5	A	特性曲线绘制符合标准要求					
			B	错一处					
			C	错两处					
			D	错三处或以上					
3	系统方块图	5	A	系统方块图绘制符合标准要求					
			B	错一处					
			C	错两处					
			D	错三处或以上					
合计配分		15	合计得分						

考评员（签名）：

等级	A（优）	B（良）	C（合格）	D（差或缺考）
比值	1.0	0.8	0.6	0

“评价要素”得分＝配分×等级比值。

智能楼宇管理师(城轨车站)(三级)操作技能鉴定
试 题 单

试题代码：2.1.1。

试题名称：各类模块的安装与调试。

考核时间：30 min。

1. 操作条件

消防实训平台一套。

2. 操作内容

根据 FAS 实训平台的设备配置，安装并调试各类模块。

3. 操作要求

（1）地址码与提供的地址相符。

（2）各类模块安装符合工艺要求。

（3）安装后经考评员确认后，需通过上电测试。

（4）按规定时限完成作业，安全操作。

智能楼宇管理师（城轨车站）（三级）操作技能鉴定试题评分表及答案

考生姓名：　　　　　　准考证号：

1. 评分表

<table>
<tr><td colspan="2">试题代码及名称</td><td colspan="3">2.1.1　各类模块的安装与调试</td><td colspan="4">考核时间</td><td>30 min</td></tr>
<tr><td colspan="2" rowspan="2">评价要素</td><td rowspan="2">配分</td><td rowspan="2">等级</td><td rowspan="2">评分细则</td><td colspan="4">评定等级</td><td rowspan="2">得分</td></tr>
<tr><td>A</td><td>B</td><td>C</td><td>D</td></tr>
<tr><td rowspan="4">1</td><td rowspan="4">模块地址编码</td><td rowspan="4">5</td><td>A</td><td>地址编码与设定相符</td><td rowspan="4"></td><td rowspan="4"></td><td rowspan="4"></td><td rowspan="4"></td><td rowspan="4"></td></tr>
<tr><td>B</td><td>—</td></tr>
<tr><td>C</td><td>—</td></tr>
<tr><td>D</td><td>与设定不符</td></tr>
<tr><td rowspan="4">2</td><td rowspan="4">安装模块</td><td rowspan="4">10</td><td>A</td><td>模块安装符合工艺要求</td><td rowspan="4"></td><td rowspan="4"></td><td rowspan="4"></td><td rowspan="4"></td><td rowspan="4"></td></tr>
<tr><td>B</td><td>错一处</td></tr>
<tr><td>C</td><td>错两处</td></tr>
<tr><td>D</td><td>错三处或以上</td></tr>
<tr><td rowspan="4">3</td><td rowspan="4">调试模块</td><td rowspan="4">10</td><td>A</td><td>模块调试符合工艺要求</td><td rowspan="4"></td><td rowspan="4"></td><td rowspan="4"></td><td rowspan="4"></td><td rowspan="4"></td></tr>
<tr><td>B</td><td>错一处</td></tr>
<tr><td>C</td><td>错两处</td></tr>
<tr><td>D</td><td>错三处或以上</td></tr>
<tr><td rowspan="4">4</td><td rowspan="4">文明安全规范操作</td><td rowspan="4">5</td><td>A</td><td>按规定着装，遵守作业安全规定</td><td rowspan="4"></td><td rowspan="4"></td><td rowspan="4"></td><td rowspan="4"></td><td rowspan="4"></td></tr>
<tr><td>B</td><td>—</td></tr>
<tr><td>C</td><td>—</td></tr>
<tr><td>D</td><td>不符合要求</td></tr>
<tr><td colspan="2">合计配分</td><td>30</td><td colspan="6">合计得分</td><td></td></tr>
</table>

考评员（签名）：

等级	A（优）	B（良）	C（合格）	D（差或缺考）
比值	1.0	0.8	0.6	0

“评价要素”得分 = 配分 × 等级比值。

2．参考答案

（1）地址码编码方式：2 进制。

（2）消防报警系统各模块：反馈模块、信号模块等。

（3）调试：上电后，可通过烟感与温感的测试判断模块是否安装到位，系统是否正常。

智能楼宇管理师（城轨车站）（三级）操作技能鉴定
试　题　单

试题代码：3.1.1。

试题名称：通风工况切换为空调工况。

考核时间：30 min。

1. 操作条件

（1）地下车站通风系统、BAS、IBP 盘各一套。

（2）环控电控室一间。

（3）就地控制箱若干。

2. 操作内容

将车站通风工况切换为空调工况。

3. 操作要求

（1）至少使用三种方式切换工况。

（2）排风阀和回排风阀满足空调工况下的开度要求。

（3）能对不执行工况要求的设备进行检查。

（4）按规定时限完成作业，安全操作。

智能楼宇管理师（城轨车站）（三级）操作技能鉴定试题评分表及答案

考生姓名：　　　　　　　　　　　准考证号：

1. 评分表

试题代码及名称		3.1.1　通风工况切换为空调工况			考核时间				30 min
评价要素		配分	等级	评分细则	评分等级				得分
					A	B	C	D	
1	切换工况	5	A	采用三种方式切换工况					
			B	漏一处或错一处					
			C	漏两处或错两处					
			D	错三处或以上					
2	排风阀与回排风阀	5	A	就地操作排风阀与回排风阀且开度符合要求					
			B	排风阀或回排风阀开度不符合要求					
			C	—					
			D	无法就地操作排风阀与回排风阀					
3	故障检查	5	A	通过检查正确定位故障点					
			B	—					
			C	通过检查无法定位故障点					
			D	不会检查					
4	文明安全规范操作	5	A	按规定着装，遵守作业安全规定					
			B	按规定着装					
			C	遵守作业安全规定					
			D	不符合要求					
合计配分		20	合计得分						

考评员（签名）：

等级	A（优）	B（良）	C（合格）	D（差或缺考）
比值	1.0	0.8	0.6	0

“评价要素”得分 = 配分 × 等级比值。

2. 参考答案

（1）三种方式切换工况：BAS、环控电控室、就地控制箱。

（2）排风阀、回排风阀：通过就地控制箱控制排风阀和回排风阀的开/关，开度选择可通过计算开关时间的方式满足80%和20%开度的要求。

（3）故障检查：通过三种控制方式来定位故障点。

智能楼宇管理师（城轨车站）（三级）操作技能鉴定
试　题　单

试题代码：4.1.1。

试题名称：自来水水表的安装。

考核时间：45 min。

1. 操作条件

（1）自来水水表。

（2）自来水管、龙头。

（3）管子割刀、铰板、锉刀、生料带、扳手、龙门架等。

2. 操作内容

（1）正确安装。

（2）熟练使用工具。

3. 操作要求

（1）能正确安装，安全操作。

（2）能正确使用工具。

（3）熟练铰管牙。

智能楼宇管理师（城轨车站）（三级）操作技能鉴定试题评分表

考生姓名：　　　　　　　　准考证号：

试题代码及名称		4.1.1　自来水水表的安装		考核时间				45 min
评价要素	配分	等级	评分细则	评定等级				得分
				A	B	C	D	
1　正确安装按时完成	5	A	安装正确，按时完成					
		B	完成水表安装，但不够熟练					
		C	经提示后完成水表安装					
		D	不会安装水表，违反操作规程					
2　正确使用工具（管子割刀、铰板、锉刀、生料带、扳手、龙门架等）	5	A	使用工具正确熟练					
		B	能使用工具，但不够熟练					
		C	1～2 种工具使用不当					
		D	3 种工具或材料不会使用					
3　熟练铰管牙	5	A	管牙光洁整齐，操作熟练					
		B	管牙光洁整齐，但操作不够熟练					
		C	管牙有 1～2 牙不符合要求					
		D	管牙不能使用					
4　文明安全规范操作	5	A	按规定着装，遵守作业安全规定					
		B	按规定着装					
		C	遵守作业安全规定					
		D	不符合要求					
合计配分	20	合计得分						

考评员（签名）：

等级	A（优）	B（良）	C（合格）	D（差或缺考）
比值	1.0	0.8	0.6	0

“评价要素”得分 = 配分 × 等级比值。

智能楼宇管理师（城轨车站）（三级）操作技能鉴定
试　题　单

试题代码：5.1.1。

试题名称：自动扶梯运行隐患的查找。

考核时间：30 min。

1．操作条件

（1）组合工具一套。

（2）自动扶梯一台。

（3）万用表、兆欧表各一台。

2．操作内容

（1）自动扶梯运行前检查。

（2）自动扶梯运行隐患查找。

3．操作要求

（1）符合作业程序。

（2）符合质量要求。

（3）在规定时限内完成作业，安全操作。

智能楼宇管理师（城轨车站）（三级）操作技能鉴定试题评分表

考生姓名：　　　　　　　　准考证号：

<table>
<tr><td colspan="2">试题代码及名称</td><td colspan="3">5.1.1　自动扶梯运行隐患的查找</td><td colspan="4">考核时间</td><td>30 min</td></tr>
<tr><td colspan="2" rowspan="2">评价要素</td><td rowspan="2">配分</td><td rowspan="2">等级</td><td rowspan="2">评分细则</td><td colspan="4">评定等级</td><td rowspan="2">得分</td></tr>
<tr><td>A</td><td>B</td><td>C</td><td>D</td></tr>
<tr><td rowspan="4">1</td><td rowspan="4">自动扶梯运行前检查</td><td rowspan="4">5</td><td>A</td><td>自动扶梯运行前检查符合工艺要求</td><td rowspan="4"></td><td rowspan="4"></td><td rowspan="4"></td><td rowspan="4"></td><td rowspan="4"></td></tr>
<tr><td>B</td><td>漏一处</td></tr>
<tr><td>C</td><td>漏两处</td></tr>
<tr><td>D</td><td>漏三处或以上</td></tr>
<tr><td rowspan="4">2</td><td rowspan="4">自动扶梯隐患查找</td><td rowspan="4">5</td><td>A</td><td>自动扶梯隐患查找符合工艺要求</td><td rowspan="4"></td><td rowspan="4"></td><td rowspan="4"></td><td rowspan="4"></td><td rowspan="4"></td></tr>
<tr><td>B</td><td>漏一处</td></tr>
<tr><td>C</td><td>漏两处</td></tr>
<tr><td>D</td><td>漏三处或以上</td></tr>
<tr><td rowspan="4">3</td><td rowspan="4">文明安全规范操作</td><td rowspan="4">5</td><td>A</td><td>按规定着装，遵守作业安全规定</td><td rowspan="4"></td><td rowspan="4"></td><td rowspan="4"></td><td rowspan="4"></td><td rowspan="4"></td></tr>
<tr><td>B</td><td>—</td></tr>
<tr><td>C</td><td>—</td></tr>
<tr><td>D</td><td>不符合要求</td></tr>
<tr><td colspan="2">合计配分</td><td>15</td><td colspan="6">合计得分</td><td></td></tr>
</table>

考评员（签名）：

等级	A（优）	B（良）	C（合格）	D（差或缺考）
比值	1.0	0.8	0.6	0

“评价要素”得分 = 配分 × 等级比值。